U0190134

鹞落坪珍稀濒危动植物图鉴

赵　凯／主编

ILLUSTRATED BOOK OF RARE AND ENDANGERED ANIMALS AND PLANTS IN YAOLUOPING

中国科学技术大学出版社

内 容 简 介

本书收录安徽鹞落坪国家级自然保护区内分布的珍稀濒危及保护植物 51 科 114 种，包括国家重点保护野生植物 33 种，省重点保护野生植物 48 种，IUCN 受胁植物 49 种，CITES 附录收录植物 29 种；收录珍稀濒危及保护动物 38 科 82 种，包括国家重点保护野生动物 29 种，省重点保护野生动物 41 种，IUCN 受胁动物 37 种，CITES 附录收录动物 22 种。本书可为在大别山区开展生物多样性研究的工作人员提供基础数据，也可为林业工作者及野生动植物爱好者提供物种鉴定方面的帮助。

图书在版编目(CIP)数据

鹞落坪珍稀濒危动植物图鉴/赵凯主编. —合肥：中国科学技术大学出版社，2023.12
ISBN 978-7-312-05801-1

Ⅰ. 鹞…　Ⅱ. 赵…　Ⅲ. ① 自然保护区—野生动物—濒危动物—介绍—岳西县—图集 ② 自然保护区—野生植物—濒危植物—介绍—岳西县—图集　Ⅳ. ① Q958.525.44-64 ② Q948.525.44-64

中国国家版本馆 CIP 数据核字(2023)第 214721 号

鹞落坪珍稀濒危动植物图鉴
YAOLUOPING ZHENXI BINWEI DONG-ZHIWU TUJIAN

出版　中国科学技术大学出版社
安徽省合肥市金寨路 96 号，230026
http://press.ustc.edu.cn
https://zgkxjsdxcbs.tmall.com
印刷　合肥华苑印刷包装有限公司
发行　中国科学技术大学出版社
开本　787 mm×1092 mm　1/16
印张　15.25
字数　199 千
版次　2023 年 12 月第 1 版
印次　2023 年 12 月第 1 次印刷
定价　128.00 元

组织委员会

主　任　储　刚

副主任　吴德全　张余才　程宝生

顾　问　汪文革　黄　松　吴海龙　邵剑文　朱鑫鑫

编写委员会

主　编　赵　凯

副主编　储　俊　谈　凯　翟　伟　易婷婷　陈中正

编　委（按姓氏笔画排序）

丁　锐　丁　聪　马建华　王怡群　王新建　台昌锐
朱永可　朱江源　刘和敏　阳艳芳　余子牛　李新祥
吴峻峰　李曙光　张　宏　张　珍　宋　婧　汪黎明
罗来开　范秀敏　金菊香　徐卫海　章　伟　储　勇
储　锋　储国安　储鹏程　潘　杨

摄　影（按姓氏笔画排序）

师雪芹　朱鑫鑫　陈　军　汪　湜　吴　毅　陈中正
余文华　张礼标　张思宇　赵　凯　胡云程　袁　晓
夏家振　章　伟　黄丽华　储　俊　储　勇　董文晓

序

安徽地处长三角最西缘，是我国东部沿海区域重要的生态屏障，区位优势明显，生物多样性资源丰富。境内长江及沿江湖泊群、皖南山区和大别山区都是我国生物多样性保护热点地区。淮河—大别山一线是我国野生动植物地理区划的南北分界线，在我国野生动植物系统进化和地理分布上具有举足轻重的地位。

大别山既是自然地理分区上的南北过渡地带，也是我国传统文化的南北分界线。安徽鹞落坪国家级自然保护区位于大别山主峰区，既是大别山的第一个国家级自然保护区，也是大别山生态环境最原始、生态系统保存最完整、生物多样性资源最丰富的地区。安徽麝、白冠长尾雉、叶氏肛刺蛙、商城肥鲵、安徽疣螈、大别山原矛头蝮、大别山五针松、都支杜鹃等一大批大别山特有的珍稀濒危及保护野生动植物均分布于此。

为深入贯彻习近平生态文明思想，践行“绿水青山就是金山银山”的理念，探索生态产品价值实现机制，助力乡村全面振兴，安徽鹞落坪国家级自然保护区管理委员会启动了保护区综合科考工作，并委托安庆师范大学开展保护区内野生分布的珍稀濒危及保护动植物资源调查，在全面调查和充分总结历史资料的基础上编写了该书，可谓大别山区乃至安徽省生物多样性保护工作的又一重要成果。

该书收录了安徽鹞落坪国家级自然保护区内分布的珍稀濒危及保护植物51科114种，珍稀濒危及保护动物38科82种，还特别收录了以安徽鹞落坪为模式产地的野生动植物13种。

该书充分考虑物种鉴定方面的需求，为每种动植物配上了纪实图片，兼顾学术性和科普性，既精美又实用，既可作为大别山区生物多样性保护工作者的工具书，也可供动植物爱好者阅读与参考。

安徽省林学会理事长

2023年8月

前言

在我国众多的山川之中，大别山是非常独特的一座。从生物多样性的角度来看，大别山既是动物地理区划中东洋界和古北界的过渡区，也是植物地理区划中北温带和北亚热带的交界带。从历史文化的角度来看，大别山一直是我国南北文化交流的重要自然屏障。这种南、北坡自然和文化上的巨大差异，很早就为古人所知，“山之南山花烂漫，山之北白雪皑皑，此山大别于他山也”是对这种现象的真实写照。

安徽鹞落坪国家级自然保护区地处大别山腹地，是大别山主峰区高峰最为密集、生境最为原始、生物多样性资源最为丰富的地区，也是大别山区生物多样性研究较热的地区之一。其坐拥江淮分水岭，是大别山这一动植物自然地理南北过渡带中过渡属性最为鲜明的区域，这种过渡属性不仅赋予了保护区丰富的动植物资源，其自身主峰区的独特地形条件，也使得保护区内分布了大量的区域特有种。大别山五针松、鹞落坪半夏、都支杜鹃、美丽鼠尾草、安徽凤仙花、长梗胡颓子、大别山原矛头蝮、大别山林蛙、安徽疣螈、大别山缺齿鼩等一大批珍稀濒危动植物的模式产地均在保护区内。

鹞落坪保护区始建于1991年，1994年经国务院批准晋升为国家级自然保护区，1999年被纳入人与生物圈保护区网络。此保护区是森林生态系统类型的自然保护区，主要保护对象为大别山区典型的森林生态系统和濒危野生动植物资源。

本书编写团队自2005年起，一直致力于大别山区野生动植物资源调查工作，掌握了大量鹞落坪保护区野生动植物分布的第一手资料。为全面贯彻落实习近平生态文明思想，加强安徽鹞落坪国家级自然保护区生态环境保护工作力度，切实做好自然保护地管理，保护区管理委员会委托安庆师范大学主持编写本书。编者在接受编写任务后，组织了专业的编写团队，查阅了大量第一手资料，数十次赴保护区拍摄图片。本着认真负责、精益求精的工作态度，历经2年，本书终于得以与读者见面。本书在编写过程中得到了保护区领导及全体工作人员的大力支持，在此深表感谢。

本书收录安徽鹞落坪国家级自然保护区内分布的珍稀濒危及保护植物51科114种，包括国家重点保护野生植物33种，省重点保护野生植物48种，IUCN受胁植物49种，CITES附录收录植物29种；收录珍稀濒危及保护动物38科82种，包括国家重点保护野生动物29种，省重点保护野生动物41种，IUCN受胁动物37种，CITES附录收录动物22种。考虑到物种鉴定方面的需求，本书为每个物种配了精美的图片，且尽量兼顾动植物在不同生活阶段及性别方面存在的形态差异，绝大部分照片为编写团队在保护区内实地拍摄所得。

本书可为在大别山区开展生物多样性研究的工作人员提供基础数据，也可为林业工作者及野生动植物爱好者提供物种鉴定方面的帮助。因编者水平有限，不足之处在所难免，恳请读者批评指正。

编　者

2023年7月于安庆

使用说明

本书动植物保护级别如下：

国家重点保护物种：被列入《国家重点保护野生植物名录》（国家林业和草原局农业农村部公告〔2021〕15号）和《国家重点保护野生动物名录》（国家林业和草原局农业农村部公告〔2021〕3号）的物种。

安徽省重点保护物种：被列入《安徽省重点保护野生植物名录》（皖政秘〔2022〕233号）和《安徽省重点保护野生动物名录》（皖政秘〔2023〕4 号）的物种。

IUCN红色名录：参考《中国生物多样性红色名录——高等植物卷（2020）》和《中国生物多样性红色名录——脊椎动物卷（2020）》（生态环境部、中国科学院公告〔2023〕15号）。

CITES附录：被列入《濒危野生动植物种国际贸易公约》附录Ⅰ、附录Ⅱ和附录Ⅲ（中华人民共和国濒危物种进出口管理办公室、中华人民共和国濒危物种科学委员会，2023年2月）的物种。

极小种群保护物种：被列入《全国极小种群野生植物拯救保护工程规划（2011—2015年）》的物种。

本书各类群分类系统如下：

石松类和蕨类植物：PPG Ⅰ[①]；

---

① The Pteridophyte Phylogeny Group. A Community-Derived Classification for Extant Lycophytes and Ferns[J]. Journal of Systematics and Evolution,2006,54(6):563-603.

裸子植物：克里斯滕许斯裸子植物系统[①]；

被子植物：APG Ⅳ[②]；

哺乳纲：参考《中国兽类分类与分布》[③]；

鸟纲：参考《中国鸟类分类与分布名录》（第4版）[④]；

两栖纲："中国两栖类"信息系统[⑤]；

爬行纲：参考《中国爬行动物分类厘定》[⑥]；

两栖、爬行动物物种最新名录：参考《中国两栖、爬行动物更新名录》[⑦]。

本书所有图片的名称及拍摄者姓名均按照从上至下、从左至右的顺序标注。

---

① Christenhusz M,Reveal J,Farjon A,et al. A New Classification and Linear Sequence of Extant Gymnosperms[J]. Phytotaxa,2011,19(1):55-70.

② Angiosperm Phylogeny Group. An Update of the Angiosperm Phylogeny Group Classification for the Orders and Families of Flowering Plants: APG Ⅳ[J]. Botanical Journal of the Linnean Society,2016,181(1):1-20.

③ 魏辅文. 中国兽类分类与分布[M]. 北京: 科学出版社, 2022.

④ 郑光美. 中国鸟类分类与分布名录[M]. 4版. 北京: 科学出版社, 2023.

⑤ http://www.amphibiachina.org/.

⑥ 蔡波, 王跃招, 陈跃英, 等. 中国爬行动物分类厘定[J]. 生物多样性, 2015,23(3):365-382.

⑦ 王剀, 任金龙, 陈宏满, 等. 中国两栖、爬行动物更新名录[J]. 生物多样性, 2020,28(2):189-218.

目录

植物篇

动物篇

植物篇

◎ 群聚　师雪芹
◎ 植株　师雪芹

白发藓科　Leucobryaceae

桧叶白发藓（guìyè báifāxiǎn）*Leucobryum juniperoideum*

形态特征　植物体浅绿色，密集丛生，高可达3厘米。茎单一或分枝。叶群集，干时紧贴，湿时直立展出或略弯曲，长5～8毫米，宽1～2毫米，基部卵圆形，内凹，上部渐狭，呈披针形或近筒状，先端兜形或具细尖头。中肋平滑，背面具无色细胞2～4层，腹面1～2层。上部叶细胞2～3行，线形，基部叶细胞5～10行，长方形或近方形。本种植物体变异较大，但多数叶片较短，先端兜形。

生态习性　多生于海拔1300～3600米阔叶林内的树干和石壁上。

保护级别　国家二级重点保护物种。

石松科 Lycopodiaceae

长柄石杉（chángbǐng shíshān）*Huperzia javanica*

形态特征 土生植物。茎直立，二叉分枝。不育叶疏生，平伸，宽椭圆形至倒披针形，基部明显变窄，长10～25毫米，宽2～6毫米，叶柄长1～5毫米。孢子叶稀疏，平伸或稍反卷，椭圆形至披针形，长7～15毫米，宽1.5～3.5毫米。

生态习性 生于海拔300～1200米的林下、路边。

保护级别 国家二级重点保护物种；IUCN红色名录濒危（EN）级别。

◎ 孢子囊 张思宇
◎ 植株 赵凯

四川石杉（sìchuān shíshān）*Huperzia sutchueniana*

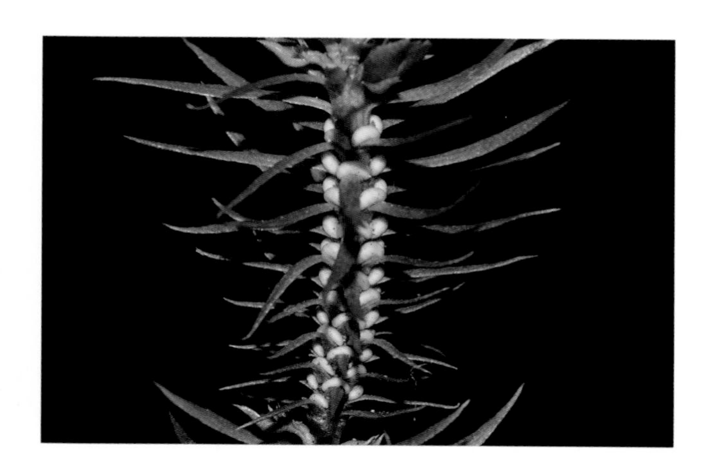

◎ 孢子囊　朱鑫鑫
◎ 植株　赵凯

形态特征　多年生土生蕨类。叶片边缘具锯齿，先端渐尖。茎直立或斜生，高8～18厘米，中部径1.2～3毫米，枝连叶宽1.5～1.7厘米，二至三回二叉分枝，枝上部常有芽孢。叶呈螺旋状排列，密生，平伸，上弯或略反折，披针形，向基部不明显变窄，通直或镰状弯曲，长0.5～1厘米，宽0.8～1毫米，基部楔形或近截形，下延，无柄，先端渐尖，边缘平直，疏生小尖齿，两面光滑，无光泽，中脉呈明显革质。孢子叶与不育叶同形，孢子囊生于孢子叶的叶腋，两端露出，肾形，黄色。

生态习性　生于海拔800米以上的林下或岩石缝隙中。

保护级别　国家二级重点保护物种。

◎ 群聚　朱鑫鑫
◎ 孢子囊　朱鑫鑫

金发石杉（jīnfā shíshān）*Huperzia quasipolytrichoides*

形态特征　多年生土生蕨类。茎直立或斜生，高9～13厘米，中部径1.2～1.5毫米，枝连叶宽0.7～1厘米，三至六回二叉分枝，枝上部有很多芽孢。叶呈螺旋状排列，密生，强烈反折，线形，基部与中部近等宽，长6～9毫米，宽约0.8毫米，基部截形，下延，无柄，先端渐尖，边缘平直，全缘，两面光滑，无光泽，中脉背面不明显，腹面略可见，草质。孢子叶与不育叶同形，孢子囊生于孢子叶的叶腋，外露，肾形，黄色或灰绿色。

生态习性　生于海拔800米以上的林下。

保护级别　国家二级重点保护物种；IUCN红色名录易危（VU）级别。

柳杉叶马尾杉（liǔshānyè mǎwěishān）*Phlegmariurus cryptomerinus*

形态特征 中型附生植物。茎簇生，老枝直立或略下垂，一至四回二叉分枝，长20～25厘米，枝连叶中部宽2.5～3厘米。孢子叶披针形，叶片质地稍厚，较密，背部中脉明显，长1～2毫米，宽约1.5毫米，基部楔形，先端尖，全缘。孢子囊穗比不育部分细瘦，顶生。

生态习性 生于海拔400～800米以上的林下树干或岩石上，偶见土生。

保护级别 国家二级重点保护物种。

◎ 植株　章伟
◎ 孢子囊　张思宇

红豆杉科 Taxaceae

巴山榧树（bāshān fěishù）*Torreya fargesii*

形态特征 乔木，高可达12米。树皮深灰色，不规则纵裂。1年生小枝绿色，2～3年生枝黄绿色或黄色。叶线形，稀线状披针形，先端具刺状短尖头，基部微偏斜，宽楔形，上面无明显中脉，有2条较明显的凹槽，下面的气孔带较中脉带窄，绿色边带较宽，约为气孔带的1倍。种子卵圆形、球形或宽椭圆形，径约1.5厘米，种皮内壁平滑，胚乳向内深皱。

生态习性 多生于山脊或近山顶的乱石中，偶见散生于阔叶林中。

保护级别 国家二级重点保护物种；IUCN红色名录易危（VU）级别。

◎ 种子　储勇
◎ 雄球花　朱鑫鑫

三尖杉（sānjiānshān）*Cephalotaxus fortunei*

形态特征 高大乔木，高达20米。树皮褐色或红褐色，裂成片状脱落。枝条较细长，稍下垂。叶排成2列，披针状线形，上部渐窄，先端有渐尖的长尖头，基部楔形或宽楔形。种子椭圆状卵形或近圆形，假种皮成熟时为紫色或红紫色，顶端有小尖头。

生态习性 生于海拔200米以上的针阔混交林和阔叶林中。

保护级别 安徽省重点保护物种。

◎ 种子　赵凯

◎ 雄球花　赵凯

◎ 种子　赵凯
◎ 雄球花　赵凯

粗榧（cūfěi）*Cephalotaxus sinensis*

形态特征　小乔木，一般高不超过6米。叶线形，质地较厚，通常直，稀微弯，基部近圆形，几无柄，先端通常渐尖或微急尖，上面中脉明显，下面有2条白色气孔带，较绿色边带宽2～4倍。叶肉中有星状石细胞。雄球花卵圆形，雄蕊4～11个，花丝短，花药2～4个。种子通常2～5颗，卵圆形、椭圆状卵圆形或近球形，长1.8～2.5厘米，顶端中央有1个小尖头。

生态习性　生于海拔600～2200米的花岗岩、砂岩及石灰岩山地。

保护级别　安徽省重点保护物种；IUCN红色名录近危（NT）级别。

松科 Pinaceae

大别山五针松（dàbiéshān wǔzhēnsōng）*Pinus dabeshanensis*

形态特征 乔木，高20余米。枝条开展，树冠尖塔形。针叶5针1束，先端渐尖，边缘具细锯齿，背面无气孔线，仅腹面每侧有2～4条灰白色气孔线。球果圆柱状椭圆形，长约14厘米，鳞盾淡黄色，斜方形，有光泽，上部宽三角状圆形，先端圆钝，边缘薄，显著地向外反卷。种子淡褐色，倒卵状椭圆形，长1.4～1.8厘米，径8～9毫米，上部边缘具极短的木质翅，种皮较薄。

生态习性 生于海拔900米以上的山地，常与黄山松混生。

保护级别 国家一级重点保护物种；IUCN红色名录濒危（EN）级别；鹞落坪为该种模式产地。

◎ 雌球花　朱鑫鑫
◎ 雄球花　朱鑫鑫
◎ 球果　赵凯

金钱松（jīnqiánsōng）*Pseudolarix amabilis*

形态特征 高大落叶乔木。树皮灰褐色或灰色，裂成不规则鳞状块片。具长短枝。叶在长枝上呈螺旋状排列，散生，在短枝上呈簇生状，辐射平展呈圆盘形，线形，柔软。球果当年成熟，卵圆形，直立，长6～7.5厘米，有短柄。种鳞卵状披针形，先端有凹缺，木质。种子卵圆形，白色，下部有树脂囊，上部有宽大的翅。

生态习性 生于海拔100～1500米的山区或阔叶林中。

保护级别 国家二级重点保护物种；IUCN红色名录易危（VU）级别。

◎ 球果　赵凯
◎ 雄球花　朱鑫鑫

五味子科 Schisandraceae

◎ 花 赵凯
◎ 果实 赵凯

红茴香（hónghuíxiāng）*Illicium henryi*

别　　名 莽草、红毒茴。

形态特征 灌木至小乔木，最高达7米。叶互生或2～5簇生枝顶，革质，窄披针形、倒披针形或倒卵状椭圆形，先端长渐尖，基部楔形，上部中脉凹下。花腋生、腋上生、近顶生或老枝生花，单生或2～3朵簇生。聚合蓇葖果，先端具尖喙。种子淡褐色或浅灰色。

生态习性 生于海拔200米以上的林下或沟谷边，喜阴湿。

保护级别 安徽省重点保护物种。

二色五味子（èrsè wǔwèizǐ）*Schisandra bicolor*

别　　名　瘤枝五味子。

形态特征　落叶木质藤本。当年生枝淡红色，稍具纵棱，2年生枝褐紫色或褐灰色。叶近圆形，稀椭圆形或倒卵形，先端骤尖，基部宽楔形，疏生胼胝质浅尖齿，下延至叶柄成窄翅，下部灰绿色。花被片7～13片，弯凹，外轮绿色，内轮红色。雄花花梗长1～1.5厘米，雄蕊红色，5个，呈辐射状排列于花托的5个角上。雌花花梗长2～6厘米，单雌蕊9～16个，斜椭圆形，柱头短小。小浆果球形，具白色点，熟时黑色。种皮背部具小瘤点。

生态习性　生于海拔800～1700米的山谷林间或沟谷边。

保护级别　安徽省重点保护物种。

◎ 果　朱鑫鑫
◎ 植株　朱鑫鑫
◎ 花　朱鑫鑫

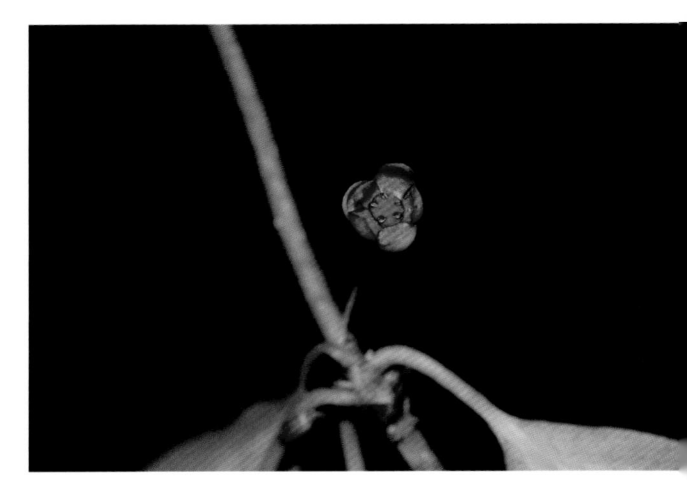

马兜铃科 Aristolochiaceae

汉城细辛（hànchéng xìxīn）*Asarum sieboldii*

◎ 花期 赵凯
◎ 果期 赵凯

形态特征 多年生草本。叶心形或卵状心形，先端渐尖，上面疏被短毛，脉上较密，下面仅脉被毛。叶柄长8～18厘米，无毛。花紫黑色，花被筒钟状，径1～1.5厘米，内壁具疏离纵皱褶，花被片三角状卵形，伸直或近平展。花丝与花药近等长或稍长，药隔短锥形，子房处于半下位或近上位，花柱6个，较短，顶端2裂，柱头侧生。果近球形，黄褐色。

生态习性 生于海拔1200米以上的林下阴湿腐殖土中。

保护级别 IUCN红色名录易危（VU）级别。

樟科 Lauraceae

天目木姜子（tiānmù mùjiāngzǐ）*Litsea auriculata*

形态特征 落叶乔木，高达20米。树皮灰色或灰白色，小鳞片状剥落，内皮深褐色。小枝紫褐色，无毛。叶互生，椭圆形、近心形或倒卵形，先端钝、钝尖或圆形，基部耳形，纸质，上面深绿色，有光泽，下面苍白绿色。伞形花序无总梗或具短梗，先叶开花或同时开放。苞片8片，开花时尚存，每一花序有雄花6～8朵。花被片6片，有时8片，黄色。雌花较小，退化雄蕊无毛。子房卵形，柱头2裂或顶端平。果卵形，成熟时黑色，果托杯状。

生态习性 生于海拔500米以上的落叶阔叶混交林中。

保护级别 安徽省重点保护物种。

◎ 果 赵凯
◎ 树皮 赵凯
◎ 花 赵凯

天竺桂（tiānzhúguì）*Cinnamomum japonicum*

形态特征 常绿乔木，高达15米。小枝带红色或红褐色，无毛。叶卵状长圆形或长圆状披针形，长7～10厘米，先端尖或渐尖，基部宽楔形或近圆，两面无毛，离基三出脉。叶柄长达1.5厘米，带红褐色，无毛。花序梗与序轴均无毛，花被片卵形，外面无毛，内面被柔毛。能育雄蕊长约3毫米，花丝被柔毛。果长圆形，果托浅波状，全缘或具圆齿。

生态习性 生于海拔300米以上的林地、沟谷畔。

保护级别 国家二级重点保护物种；IUCN红色名录易危（VU）级别。

◎ 树皮　赵凯
◎ 花　赵凯
◎ 果　赵凯

木兰科 Magnoliaceae

鹅掌楸（ézhǎngqiū）*Liriodendron chinense*

◎ 果 赵凯
◎ 花 赵凯

别　　名 马褂木。

形态特征 高大乔木。小枝灰色或灰褐色。叶马褂形，两侧中下部各具1片较大的裂片，先端具2浅裂，下面苍白色，被乳头状白粉点。花杯状，花被片9片，外轮绿色，萼片状，向外弯垂；内2轮直立，花瓣状，绿色，具黄色纵条纹。雄蕊多数，花药长1～1.6厘米，花丝长5～6毫米。心皮多数，黄绿色。聚合果纺锤形，长7～9厘米。具翅小坚果长约6毫米，顶端钝或尖。

生态习性 散生于海拔500～1000米的落叶阔叶林中。

保护级别 国家二级重点保护物种。

◎ 花　赵凯
◎ 果　赵凯

罗田玉兰（luótián yùlán）*Yulania pilocarpa*

形态特征　落叶乔木。树皮灰褐色。幼枝紫褐色，无毛。叶纸质，倒卵形或宽倒卵形，先端宽圆稍凹缺，具短急尖，基部楔形或宽楔形。花先叶开放，花被片9片，外轮3片黄绿色，膜质，萼片状，锐三角形，内2轮6片，白色，肉质，近匙形。雄蕊多数，药隔伸出长约1毫米的短尖。心皮被短柔毛，柱头长约1毫米。聚合果圆柱形，直径约3.5厘米，残存有毛。种子圆形或倒卵圆形，外种皮红色，内种皮黑色。

生态习性　生于海拔500～1000米的落叶阔叶林中。

保护级别　IUCN红色名录濒危（EN）级别。

◎ 花　赵凯
◎ 果　赵凯

天女花（tiānnǚhuā）*Oyama sieboldii*

别　　名　小花木兰、天女木兰。

形态特征　落叶小乔木，高可达10米。叶倒卵形或宽倒卵形，先端骤狭急尖或短渐尖，基部宽楔形，钝圆，平截或近心形。花白色，芳香，杯状，盛开时碟状。花被片9片，外轮3片基部被白色毛，内2轮6片较狭小，基部渐狭成短爪。雄蕊紫红色，雌蕊椭圆形，绿色。聚合果成熟时红色。种子心形，外种皮红色，内种皮褐色。

生态习性　生于海拔1600～2000米的山地。

保护级别　安徽省重点保护物种；IUCN红色名录近危（NT）级别。

◎ 植株　朱鑫鑫
◎ 花序　朱鑫鑫

天南星科　Araceae

鹞落坪半夏（yàoluòpíng bànxià）*Pinellia yaoluopingensis*

形态特征　多年生草本。块茎近球形，四旁生若干小块茎，无珠芽。叶1～4片，或更多，叶柄长12～25厘米，基部具鞘。叶片3全裂，有时侧裂片基部具2浅裂，中裂片长圆状椭圆形，先端急尖或渐尖，基部楔形，几无柄，侧裂片较小，基部两侧常不对称，上侧楔形，下侧浅心形。佛焰苞檐部边缘非紫红色，雄花序短于半夏，雌花序和附属器长于半夏。浆果圆锥状卵形，先端钝。

生态习性　生于海拔1000米左右的阔叶林下。

保护级别　安徽省重点保护物种；鹞落坪为该种模式产地。

泽泻科 Alismataceae

窄叶泽泻（zhǎiyè zéxiè）*Alisma canaliculatum*

形态特征 多年生水生或沼生草本。块茎直径1～3厘米。沉水叶条形，叶柄状；挺水叶披针形，稍呈镰状弯曲，先端渐尖，基部楔形或渐尖。叶脉3～5条，叶柄长9～27厘米，基部较宽，边缘膜质。花葶高40～100厘米，直立。花两性，外轮花被片长圆形，边缘窄，膜质，内轮花被片白色，近圆形，边缘不整齐。柱头约为花柱的1/3，向背部弯曲。花药黄色，长约0.8毫米。瘦果倒卵形或近三角形，果喙自顶部伸出。种子深紫色，矩圆形。

生态习性 生于湖边、溪流、水塘、沼泽及农田水网中。

保护级别 安徽省重点保护物种。

◎ 果　赵凯
◎ 植株　朱鑫鑫
◎ 花　朱鑫鑫

藜芦科 Melanthiaceae

延龄草（yánlíngcǎo）*Trillium tschonoskii*

形态特征 茎丛生于粗短的根状茎上，高15～50厘米。叶菱状圆形或菱形，近无柄。外轮花被片卵状披针形，绿色；内轮花被片白色，少有淡紫色，卵状披针形。花药短于花丝或与花丝近等长，顶端有稍凸出的药隔。浆果圆球形，黑紫色。

生态习性 生于海拔1500米以上的林下、山谷阴湿处、山坡或路旁岩石下。

保护级别 安徽省重点保护物种。

◎ 花　赵凯
◎ 果　赵鑫磊

启良重楼（qǐliáng chónglóu）*Paris qiliangiana*

◎ 花期　赵凯

形态特征　根状茎长1.5～5厘米。花基数3～6，少于叶数。萼片紫绿色或紫色。花瓣较长，黄绿色，直立、长于萼片，不反折。雄蕊2轮，药隔凸出部分较短，绿色或褐色。子房圆锥形，绿色或上部紫色，1室，侧膜胎座，花柱基通常白色或淡紫色。蒴果圆锥状，绿色。外种皮红色，多汁。

生态习性　散生或成小片生长于林下或阴湿沟谷旁。

保护级别　国家二级重点保护物种；IUCN红色名录易危（VU）级别。

狭叶重楼（xiáyè chónglóu）*Paris polyphylla* var. *stenophylla*

形态特征 叶10～15（稀22）片轮生，披针形、倒披针形或条状披针形，有时略微弯曲呈镰刀状，先端渐尖，基部楔形，具短叶柄。外轮花被片叶状，5～7片，狭披针形或卵状披针形，基部渐狭成短柄；内轮花被片狭条形，远比外轮花被片长。雄蕊2轮，花瓣丝状，7～14片，比萼片长，花药长达1.5厘米，药隔凸出部分极短。子房近球形，暗紫色，花柱明显，顶端具4～5个分枝。

生态习性 生于海拔700米以上的林下或草丛阴湿处。

保护级别 国家二级重点保护物种；IUCN红色名录易危（VU）级别。

◎ 花期　赵凯
◎ 果期　赵凯

华重楼（huá chónglóu）*Paris polyphylla* var. *chinensis*

形态特征 叶5～8片轮生，通常7片，倒卵状披针形、矩圆状披针形或倒披针形，基部通常楔形。内轮花被片狭条形，通常中部以上变宽，宽1～1.5毫米，长1.5～3.5厘米，长为外轮花被片的1/3至近等长。雄蕊8～10个，花药长1.2～2厘米，长为花丝的3～4倍，药隔凸出部分长1～1.5毫米。

生态习性 生于海拔600米以上的林下荫处或沟谷边的草丛中。

保护级别 国家二级重点保护物种；IUCN红色名录易危（VU）级别。

◎ 花期　赵鑫磊

百合科 Liliaceae

荞麦叶大百合（qiáomàiyè dàbǎihé）*Cardiocrinum cathayanum*

◎ 基生叶　赵凯
◎ 花　赵凯
◎ 果　赵凯

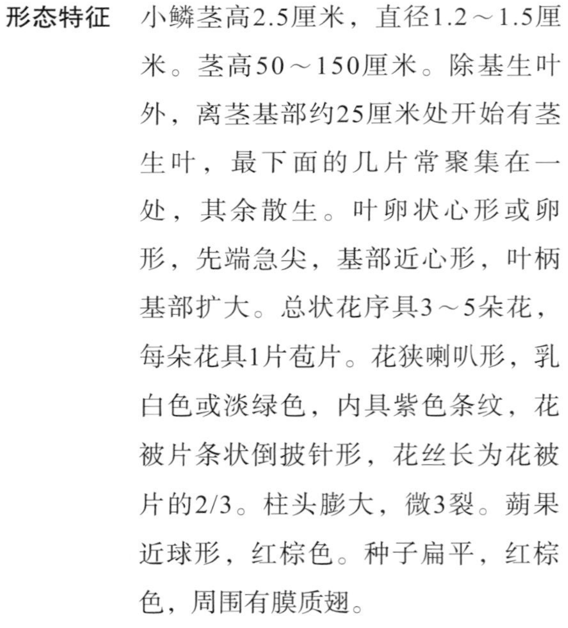

形态特征　小鳞茎高2.5厘米，直径1.2～1.5厘米。茎高50～150厘米。除基生叶外，离茎基部约25厘米处开始有茎生叶，最下面的几片常聚集在一处，其余散生。叶卵状心形或卵形，先端急尖，基部近心形，叶柄基部扩大。总状花序具3～5朵花，每朵花具1片苞片。花狭喇叭形，乳白色或淡绿色，内具紫色条纹，花被片条状倒披针形，花丝长为花被片的2/3。柱头膨大，微3裂。蒴果近球形，红棕色。种子扁平，红棕色，周围有膜质翅。

生态习性　生于海拔600～1050米的山坡林下阴湿处。

保护级别　国家二级重点保护物种；IUCN红色名录易危（VU）级别。

安徽贝母（ānhuī bèimǔ）

Fritillaria anhuiensis

形态特征 植株高达50厘米。鳞茎径1～2厘米，由2～3片肾形大鳞片包着6～50片米粒状、卵圆形、窄披针形、近棱角形的小鳞片，小鳞片大小不等。叶6～18片，多对生或轮生，先端不卷曲。花1～4朵，淡黄白色或黄绿色，具紫色斑点或方格状斑点，在栽培植株中有时出现纯白色或紫色花植株。叶状苞片与下面叶合生或不合生，先端不卷曲。蜜腺窝明显凸出，蜜腺长圆形，长约0.5厘米，离花被片基部约1厘米。花丝无小乳突。柱头裂片长2～6毫米。蒴果棱上具宽翅。

生态习性 生于海拔100～1400米的山坡林下阴湿处。

保护级别 国家二级重点保护物种；IUCN红色名录易危（VU）级别。

◎ 果　朱鑫鑫
◎ 花　赵凯
◎ 鳞茎　朱鑫鑫

兰科 Orchidaceae

无柱兰（wúzhùlán）*Ponerorchis gracile*

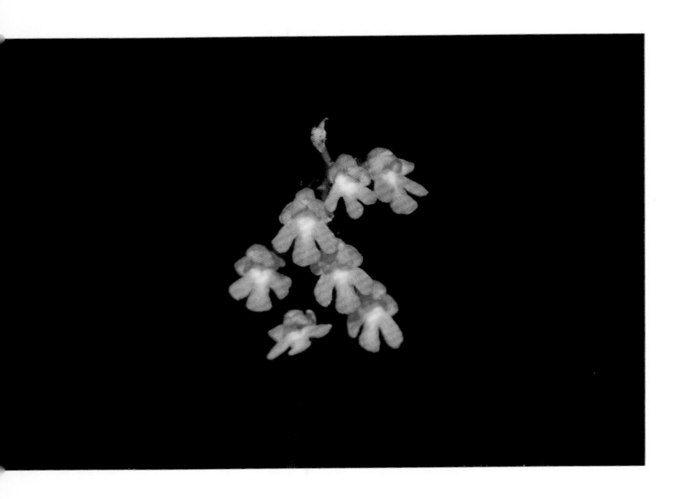

形态特征 植株高30厘米。块茎卵形或长圆状椭圆形。茎近基部具1片叶，其上具1～2片小叶，叶窄长圆形、椭圆状长圆形或卵状披针形。花序具5～20朵花，偏向一侧。花粉红色或紫红色。中萼片卵形，侧萼片斜卵形或倒卵形。花瓣斜椭圆形或斜卵形。唇瓣较萼片和花瓣大，倒卵形，基部楔形，具距，中部以上3裂。侧裂片镰状线形、长圆形或三角形，先端钝或平截，中裂片倒卵状楔形，先端平截、圆形或圆而具短尖或凹缺。距圆筒状，下垂。

生态习性 生于海拔180～3000米的山坡沟谷边或林下阴湿处覆有土的岩石上或山坡灌丛下。

保护级别 CITES附录Ⅱ收录物种。

◎ 花　朱鑫鑫
◎ 群聚　朱鑫鑫

白及（báijí）*Bletilla striata*

◎ 假鳞茎　朱鑫鑫
◎ 花序　朱鑫鑫

形态特征　植株高18～60厘米。假鳞茎扁球形，上面具荸荠似的环带，富黏性。茎粗壮，劲直。叶4～6片，狭长圆形或披针形，先端渐尖，基部收狭成鞘并抱茎。花序具3～10朵花，常不分枝或极罕分枝。花序轴或多或少呈“之”字状曲折。花苞片长圆状披针形，开花时常凋落。花大，紫红色或粉红色。萼片和花瓣近等长，狭长圆形，先端急尖。花瓣较萼片稍宽。唇瓣较萼片和花瓣稍短，倒卵状椭圆形，白色带紫红色，具紫色脉。唇盘上具5片纵褶片，从基部伸至中裂片近顶部，仅在中裂片上面为波状。蕊柱具狭翅，稍弓曲。

生态习性　生于海拔100～3200米的林下、路边草丛或岩石缝中。

保护级别　国家二级重点保护物种；IUCN红色名录濒危（EN）级别；CITES附录Ⅱ收录物种。

钩距虾脊兰（gōujù xiājǐlán）*Calanthe graciliflora*

形态特征 假鳞茎靠近，近卵球形，具3～4个鞘和3～4片叶。假茎长5～18厘米。花期叶未全放，椭圆形或椭圆状披针形，长33厘米，两面无毛。叶柄长10厘米。花葶远高出叶外，被毛，花序疏生多花，花开展，萼片和花瓣背面为淡黄色或褐色，内面为淡黄色。中萼片近椭圆形，长1～1.5厘米，侧萼片近似中萼片较窄。花瓣倒卵状披针形，具短爪，无毛。唇瓣白色，3裂。侧裂片斜卵状楔形，与中裂片近等大，先端圆钝或斜截，中裂片近方形或倒卵形，先端近平截，稍凹，具短尖。唇盘具4个褐色斑点和3条肉质脊突，延伸至中裂片中部，末端具三角形隆起。距圆筒形，长约1厘米，常钩曲，内外均被毛。蕊柱翅下延至唇瓣基部与唇盘两侧脊突相连。蕊喙2裂，裂片三角形。

生态习性 生于600～1500米的山谷溪边、林下等阴湿处。

保护级别 CITES附录Ⅱ收录物种。

◎ 植株　赵凯
◎ 花　赵凯

◎ 果期　赵凯
◎ 花期　赵凯

银兰（yínlán）*Cephalanthera erecta*

形态特征　植株高10～30厘米。茎纤细，直立，下部具2～4个鞘，中部以上具2～5片叶。叶片椭圆形至卵状披针形，先端急尖或渐尖，基部收狭并抱茎。总状花序具3～10朵花，花序轴有棱，花白色。萼片长圆状椭圆形。花瓣与萼片相似，但稍短。唇瓣3裂，基部有距。侧裂片卵状三角形或披针形，多少围抱蕊柱，中裂片近心形或宽卵形。距圆锥形，末端稍锐尖，伸出侧萼片基部之外。蒴果狭椭圆形或宽圆筒形。

生态习性　生于海拔800米以上的林下、灌丛中或沟边土层厚且有一定阳光处。

保护级别　CITES附录Ⅱ收录物种。

金兰（jīnlán）*Cephalanthera falcata*

形态特征 植株高20～50厘米。茎直立，下部具3～5个长1～5厘米的鞘。叶4～7片，叶片椭圆形、椭圆状披针形或卵状披针形，基部收狭并抱茎。总状花序具5～10朵花，花黄色，直立，稍微张开。萼片菱状椭圆形。花瓣与萼片相似，但较短。唇瓣3裂，基部有距。侧裂片三角形，多少围抱蕊柱，中裂片近扁圆形，近顶端处密生乳突。距圆锥形，明显伸出侧萼片基部之外，先端钝。蒴果狭椭圆状。

生态习性 生于海拔700米以上的林下、灌丛中、草地上或沟谷旁。

保护级别 CITES附录Ⅱ收录物种。

◎ 花　赵凯
◎ 果　朱鑫鑫

杜鹃兰（dùjuānlán）*Cremastra appendiculata*

形态特征 假鳞茎卵球形或近球形，有关节。叶通常1片，生于假鳞茎顶端，狭椭圆形、近椭圆形或倒披针状狭椭圆形，先端渐尖，基部近楔形。花葶从假鳞茎上部节上发出，近直立，长27～70厘米。总状花序具5～22朵花。花苞片披针形至卵状披针形。花常偏向花序一侧，多少下垂，不完全开放，有香气，狭钟形，淡紫褐色。花瓣倒披针形或狭披针形，向基部收狭成狭线形。唇瓣与花瓣近等长，线形。侧裂片近线形，中裂片卵形至狭长圆形，上面有时有疣状小凸起。蒴果近椭圆形，下垂。

生态习性 生于海拔500米以上的林下湿地或沟边湿地上。

保护级别 国家二级重点保护物种；IUCN红色名录易危（VU）级别；CITES附录Ⅱ收录物种。

◎ 花　朱鑫鑫
◎ 假鳞茎　赵凯
◎ 叶　赵凯

◎ 果 朱鑫鑫
◎ 花 赵凯

蕙兰（huìlán）*Cymbidium faberi*

形态特征 假鳞茎不明显。叶5～8片，带形，直立性强，基部常对折而呈“V”形，边缘常有粗锯齿。花葶被多个长鞘。总状花序具5～11朵或更多的花。花苞片线状披针形。花常为浅黄绿色，唇瓣有紫红色斑，有香气。萼片近披针状长圆形或狭倒卵形。花瓣与萼片相似，常略短而宽。唇瓣长圆状卵形。侧裂片直立，具小乳突或细毛，中裂片较长，强烈外弯，有明显的乳突，边缘常呈皱波状。蕊柱稍向前弯曲，两侧有狭翅。花粉团4个，成2对，宽卵形。蒴果近狭椭圆形。

生态习性 生于海拔200米以上的林下湿润透光处。

保护级别 国家二级重点保护物种；CITES附录Ⅱ收录物种。

春兰（chūnlán）*Cymbidium goeringii*

形态特征 假鳞茎较小，卵球形。叶4～7片，带形，下部常呈“V”形，边缘无齿或具细齿。花葶从假鳞茎基部外侧叶腋中抽出，明显短于叶。花序具单朵花，极罕2朵。花苞片长而宽。花色通常为绿色或淡褐黄色而有紫褐色脉纹，有香气。萼片近长圆形至长圆状倒卵形。花瓣倒卵状椭圆形至长圆状卵形，展开或多少围抱蕊柱。唇瓣近卵形，不明显3裂。侧裂片直立，具小乳突，中裂片较大，强烈外弯。蕊柱两侧有较宽的翅。花粉团4个，成2对。蒴果狭椭圆形。

生态习性 生于海拔300米以上的多石山坡、林缘、林中透光处。

保护级别 国家二级重点保护物种；IUCN红色名录易危（VU）级别；CITES附录Ⅱ收录物种。

◎ 果　朱鑫鑫
◎ 花　赵凯

扇脉杓兰（shànmài sháolán）*Cypripedium japonicum*

◎ 花　赵凯
◎ 群聚　赵凯

形态特征　具较细长、横走的根状茎。茎直立，被褐色长柔毛，通常顶端生叶2片，近对生，扇形，具扇形辐射状脉直达边缘。花苞片叶状，花俯垂。萼片和花瓣淡黄绿色，基部多少有紫色斑点。唇瓣淡黄绿色至淡紫白色，多少有紫红色斑点和条纹。中萼片狭椭圆形或狭椭圆状披针形。花瓣斜披针形。唇瓣下垂，囊状，近椭圆形或倒卵形。囊口略狭长并位于前方，周围有明显的凹槽并呈波浪状齿缺。退化雄蕊椭圆形，基部有短耳。蒴果近纺锤形。

生态习性　生于海拔1000～2000米的林下、溪谷旁、荫蔽山坡上等。

保护级别　国家二级重点保护物种；CITES附录Ⅱ收录物种。

血红肉果兰（xuèhóng ròuguǒlán）*Cyrtosia septentrionalis*

形态特征 根状茎粗壮，近横走。茎直立，红褐色，高30～170厘米，下部近无毛，上部被锈色短绒毛。花序顶生和侧生，具4～9朵花。花苞片卵形，背面被锈色毛。花黄色，多少带红褐色。萼片椭圆状卵形，背面密被锈色短绒毛。花瓣与萼片相似，略狭，无毛。唇瓣近宽卵形，短于萼片，边缘有不规则齿缺或呈啮蚀状，内面沿脉上有毛状乳突或偶见鸡冠状褶片。果肉质，血红色，近长圆形。种子周围有狭翅，连翅宽不到1毫米。

生态习性 生于海拔1000～1300米的林下。

保护级别 安徽省重点保护物种；IUCN红色名录易危（VU）级别；CITES附录Ⅱ收录物种。

◎ 花序　张思宇
◎ 果序　朱鑫鑫

毛萼山珊瑚（máo'è shānshānhú）*Galeola lindleyana*

形态特征 高大植物，半灌木状。根状茎粗厚，疏被卵形鳞片。茎直立，红褐色，基部多少木质化，高1～3米，多少被毛或老时秃净。花黄色，萼片椭圆形至卵状椭圆形，背面密被锈色短绒毛并具龙骨状凸起。侧萼片常比中萼片略长。花瓣宽卵形至近圆形，无毛。唇瓣凹陷成杯状，近半球形，边缘具短流苏。果实近长圆形，形似厚的荚果，淡棕色。种子周围有宽翅。

生态习性 生于海拔740～2200米的疏林下，稀疏灌丛中，沟谷边腐殖质丰富、湿润、多石处。

保护级别 CITES附录Ⅱ收录物种。

◎ 果序　赵凯
◎ 花序　赵凯

中华盆距兰（zhōnghuá pénjùlán）*Gastrochilus sinensis*

形态特征 茎匍匐状，细长。叶绿色带紫红色斑点，2列，彼此疏离，互生，与茎呈90度角而伸展，椭圆形或长圆形，先端锐尖且具3小裂，基部具极短的柄。总状花序缩短呈伞状，具2～3朵花。花苞片卵状三角形。花小，开展，黄绿色带紫红色斑点。中萼片近椭圆形，侧萼片稍斜，长圆形，与中萼片等大。花瓣近倒卵形，先端近圆形。口缘的前端具宽的凹口，内侧密被髯毛。蕊柱长约2毫米。药帽前端收窄呈狭三角形。

生态习性 生于海拔800～3200米的山地林中树干上或山谷岩石上。

保护级别 IUCN红色名录极危（CR）级别；CITES附录Ⅱ收录物种。

◎ 植株　朱鑫鑫
◎ 花序　朱鑫鑫

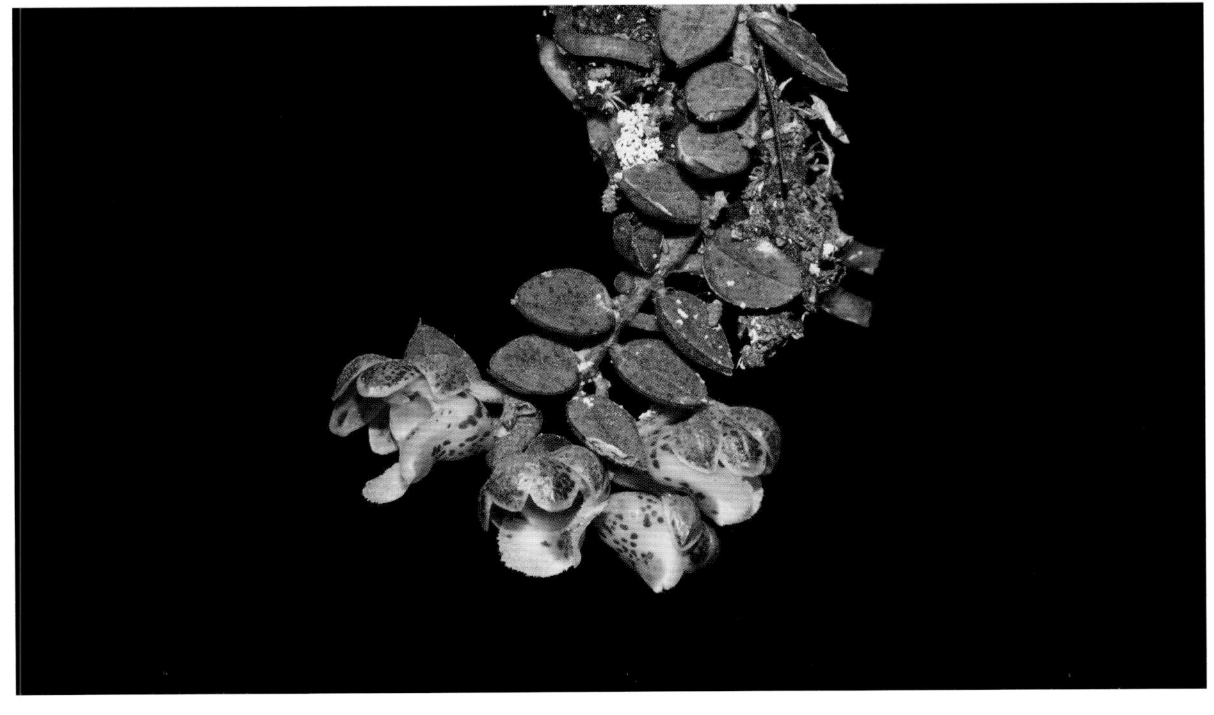

天麻（tiānmá）*Gastrodia elata*

形态特征 植株高30～100厘米，有时可达2米。根状茎肥厚，块茎状，椭圆形至近哑铃形，肉质，具较密的节，节上被许多三角状宽卵形鞘。茎直立，橙黄色、黄色、灰棕色或蓝绿色，无绿叶，下部被数个膜质鞘。总状花序通常具30～50朵花。花扭转，橙黄色、淡黄色、蓝绿色或黄白色，近直立。萼片和花瓣合生成的花被筒长约1厘米，近斜卵状圆筒形，顶端具5片裂片。外轮裂片卵状三角形，先端钝，内轮裂片近长圆形。唇瓣长圆状卵圆形，基部贴生于蕊柱足末端与花被筒内壁上，有1对肉质胼胝体，边缘有不规则短流苏。蒴果倒卵状椭圆形。

生态习性 生于海拔400～3200米的疏林下，林中空地、林缘，灌丛边缘。

保护级别 国家二级重点保护物种；CITES附录Ⅱ收录物种。

◎ 根状茎　赵凯
◎ 花序　赵凯

独花兰（dúhuālán）

Changnienia amoena

形态特征 假鳞茎近椭圆形或宽卵球形，肉质，近淡黄白色，有2节，被膜质鞘。叶1片，宽卵状椭圆形至宽椭圆形，先端急尖或短渐尖，基部圆形或近截形，背面紫红色。花葶长10～17厘米，紫色，具2个鞘。花大，白色而带肉红色或淡紫色晕，唇瓣有紫红色斑点。萼片长圆状披针形，侧萼片稍歪斜。花瓣狭倒卵状披针形，略歪斜。唇瓣略短于花瓣，3裂，基部有距。侧裂片直立，斜卵状三角形。在唇盘2片侧裂片之间具5个褶片状附属物。距角状，稍弯曲。蕊柱两侧有宽翅。

生态习性 生于海拔400米以上的疏林下腐殖质丰富的土壤上或山谷荫蔽处。

保护级别 国家二级重点保护物种；IUCN红色名录濒危（EN）级别；CITES附录Ⅱ收录物种。

◎ 群聚　朱鑫鑫
◎ 花　赵凯

大花斑叶兰（dàhuā bānyèlán）*Goodyera biflora*

形态特征 植株高5～15厘米。根状茎伸长，茎状，匍匐，具节。茎直立，绿色，具4～5片叶。叶片卵形或椭圆形，上面具白色均匀细脉连接而成的网状脉纹，背面淡绿色，有时带紫红色，具柄。叶柄长1～2.5厘米，基部扩大成抱茎的鞘。花茎很短，被短柔毛。总状花序通常具2朵花，罕3～6朵花，常偏向一侧。花苞片披针形。花大，长管状，白色或带粉红色。中萼片与花瓣黏合呈兜状。唇瓣线状披针形，基部凹陷呈囊状。蕊柱短。花药三角状披针形。蕊喙细长，叉状2裂。柱头1个，位于蕊喙下方。

生态习性 生于海拔560～2200米的林下阴湿处。

保护级别 IUCN红色名录近危（NT）级别；CITES附录Ⅱ收录物种。

◎ 花　赵凯
◎ 果　赵凯

小斑叶兰（xiǎo bānyèlán）

Goodyera repens

形态特征 植株高10～25厘米。根状茎伸长，茎状，匍匐，具节。茎直立，绿色，具5～6片叶。叶片卵形或卵状椭圆形，上面深绿色具白色斑纹，背面淡绿色，先端急尖，基部钝或宽楔形，具柄。花茎直立或近直立，总状花序具几朵至10余朵、密生、多少偏向一侧的花，长4～15厘米。花小，白色、带绿色或带粉红色，半张开。萼片背面被或多或少的腺状柔毛。花瓣斜匙形，无毛。唇瓣卵形，基部凹陷呈囊状。蕊柱短，蕊喙直立，叉状2裂。柱头1个，较大，位于蕊喙之下。

生态习性 生于海拔700～3800米的山坡上、沟谷林下。

保护级别 CITES附录Ⅱ收录物种。

◎ 基生叶　朱鑫鑫
◎ 果　朱鑫鑫
◎ 花　朱鑫鑫

斑叶兰（bānyèlán）*Goodyera schlechtendaliana*

形态特征 植株高15～35厘米。根状茎伸长，茎状，匍匐，具节。茎直立，绿色，具4～6片叶，上面绿色，具白色不规则点状斑纹，背面淡绿色。总状花序具几朵至20余朵花，疏生，近偏向一侧。花较小，白色或带粉红色，半张开。萼片背面被柔毛。花瓣菱状倒披针形，无毛。唇瓣卵形，长6～8.5毫米，基部凹陷呈囊状。蕊柱短。蕊喙直立，叉状2裂。柱头1个，位于蕊喙之下。

生态习性 生于海拔500～2800米的山坡上或沟谷阔叶林下。

保护级别 IUCN红色名录近危（NT）级别；CITES附录Ⅱ收录物种。

◎ 基生叶　朱鑫鑫
◎ 植株　赵凯
◎ 花　朱鑫鑫

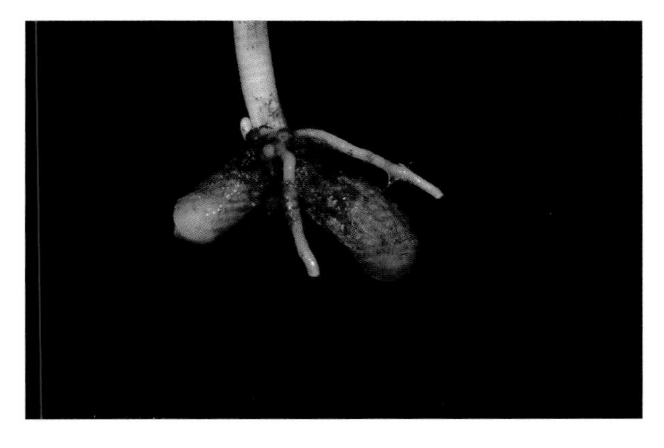

叉唇角盘兰（chāchún jiǎopánlán）*Herminium lanceum*

形态特征 植株高10～83厘米。块茎圆球形或椭圆形，肉质。茎直立，常细长，无毛。叶互生，叶片线状披针形，直立伸展，先端急尖或渐尖，基部渐狭并抱茎。总状花序具多数密生的花，花小，黄绿色或绿色。花瓣直立，线形。唇瓣轮廓为长圆形，常下垂，中部通常缢缩，在中部或中部以上呈叉状3裂。蕊柱粗短。药室并行。花粉团球形，具极短的花粉团柄和黏盘，黏盘圆形。蕊喙小。柱头2个，横椭圆形，隆起。退化雄蕊2个，常较长，长圆形，顶部稍扩大。

生态习性 生于海拔730～3400米的山坡杂木林、针叶林、竹林、灌丛或草地中。

保护级别 CITES附录Ⅱ收录物种。

◎ 块茎　朱鑫鑫
◎ 花　朱鑫鑫
◎ 植株　朱鑫鑫

角盘兰（jiǎopánlán）*Herminium monorchis*

形态特征 植株高5.5～35厘米。块茎球形，肉质。茎直立，下部具2～3片叶，叶片狭椭圆状披针形或狭椭圆形，直立伸展。总状花序具多数花，圆柱状。花小，黄绿色，垂头，萼片近等长。花瓣近菱形，上部肉质增厚，较萼片稍长，向先端渐狭，或在中部多少3裂，中裂片线形，先端钝，具1脉。唇瓣与花瓣等长，肉质增厚，基部凹陷呈浅囊状，近中部3裂。蕊柱粗短。花粉团近圆球形，具极短的花粉团柄和黏盘，黏盘较大，卷成角状。蕊喙矮而宽。柱头2个，隆起，叉开，位于蕊喙之下。退化雄蕊2个，近三角形，先端钝。

生态习性 生于海拔600～4500米的山坡阔叶林、针叶林、灌丛、草地或河滩沼泽草地中。

保护级别 IUCN红色名录近危（NT）级别；CITES附录Ⅱ收录物种。

◎ 块茎　朱鑫鑫
◎ 群聚　朱鑫鑫
◎ 果　朱鑫鑫

羊耳蒜（yáng'ěrsuàn）

Liparis campylostalix

形态特征 假鳞茎宽卵形，被白色薄膜质鞘。叶2片，卵形或卵状长圆形，基部成鞘状柄，无关节。花序具数朵至10余朵花，花淡紫色。中萼片线状披针形，侧萼片略歪斜。花瓣丝状，唇瓣近倒卵状椭圆形，从中部多少反折，先端近圆，有短尖，具不规则细齿，基部窄，无胼胝体。蕊柱顶端具钝翅，基部肥厚。

生态习性 生于海拔1000米以上的林下岩石积土上或松林下草地上。

保护级别 CITES附录Ⅱ收录物种。

◎ 果　赵凯
◎ 花　赵凯

齿突羊耳蒜（chǐtū yáng'ěrsuàn）*Liparis rostrata*

形态特征 假鳞茎很小，卵形；叶2片，卵形，基部收狭并下延成鞘状柄，无关节。总状花序具数朵花，花绿色或黄绿色。萼片狭长圆状披针形或狭长圆形，侧萼片略歪斜。花瓣丝状或狭线形。唇瓣近倒卵形，先端具短尖，边缘有不规则齿，基部收狭，无胼胝体。蕊柱稍向前弯曲，顶端有翅，基部扩大，在前方有2个肥厚的齿状凸起。

生态习性 生于沟边林下石上覆土中。

保护级别 CITES附录Ⅱ收录物种。

◎ 花　朱鑫鑫

舌唇兰（shéchúnlán）*Platanthera japonica*

形态特征 根状茎指状，肉质，近平展。茎粗壮，直立，无毛。叶自下向上渐小，下部叶片椭圆形或长椭圆形，上部叶片披针形。总状花序长10～18厘米，具10～28朵花，花大，白色。中萼片直立，卵形，舟状。侧萼片反折，斜卵形。花瓣直立，线形。唇瓣线形，肉质，先端钝。距下垂，细长，细圆筒状至丝状，弧曲，较子房长许多。药室平行。药隔较宽，顶部稍凹陷。花粉团倒卵形，具细而长的柄和线状椭圆形的大黏盘。退化雄蕊显著。蕊喙短，宽三角形，直立。柱头1个，凹陷，位于蕊喙之下。

生态习性 生于海拔600～2600米的山坡林下或草地上。

保护级别 CITES附录Ⅱ收录物种。

◎ 果序　朱鑫鑫
◎ 花序　张思宇

小舌唇兰（xiǎo shéchúnlán）*Platanthera minor*

形态特征 块茎椭圆形，肉质。茎粗壮，直立，下部具1～3片较大的叶，上部具2～5片逐渐变小的披针形或线状披针形苞片状小叶。总状花序具多数疏生的花，花黄绿色。萼片具3脉，边缘全缘。中萼片直立，宽卵形，侧萼片反折，稍斜椭圆形。花瓣直立，斜卵形。唇瓣舌状，肉质，下垂。距细圆筒状，下垂，稍向前弧曲。蕊柱短。药室略叉开。药隔宽，顶部凹陷。花粉团倒卵形，具细长的柄和圆形的黏盘。退化雄蕊显著。蕊喙矮而宽。柱头1个，大，凹陷，位于蕊喙之下。

生态习性 生于海拔250～2700米的山坡林下或草地上。

保护级别 CITES附录Ⅱ收录物种。

◎ 花期　朱鑫鑫
◎ 果期　赵凯

绶草（shòucǎo）*Spiranthes sinensis*

形态特征 植株高13～30厘米。根数条，指状，肉质，簇生于茎基部。叶片宽线形或宽线状披针形。花茎直立，长10～25厘米，上部被腺状柔毛至无毛。总状花序具多数密生的花，长4～10厘米，螺旋状扭转。花小，紫红色、粉红色或白色。花瓣斜菱状长圆形，先端钝。唇瓣宽长圆形，凹陷，先端极钝，前半部具长硬毛且边缘具皱波状啮齿。唇瓣基部凹陷呈浅囊状，囊内具2个胼胝体。

生态习性 生于海拔200～3400米的山坡林下、灌丛下、草地或河滩沼泽草甸中。

保护级别 CITES附录Ⅱ收录物种。

◎ 花期　朱鑫鑫

◎ 花期　朱鑫鑫

香港绶草（xiānggǎng shòucǎo）*Spiranthes hongkongensis*

形态特征　与绶草的区别在于香港绶草的花多为白色，花轴、苞片、萼片及子房有腺状毛；柱头呈盾状；蕊喙狭小，环形，连接至花粉块中部；黏盘不明显；花与花之间的角度大约是120度，即3朵花围成一圈。绶草的花多为紫红色，花轴、苞片、萼片及子房光滑无毛；柱头近球形；蕊喙呈锐角三角形，尖端分裂；黏盘椭圆形；花与花连续排列呈螺旋状。

生态习性　生于海拔200米以上的林下、路旁、草地上。

保护级别　CITES附录Ⅱ收录物种。

高山蛤兰（gāoshān gélán）*Conchidium japonicum*

形态特征 假鳞茎密集，长卵形，顶端具2片叶。叶长椭圆形或线形，先端渐尖，基部收狭。花序1个，纤细，有毛，具1～4朵花，花白色。中萼片窄椭圆形。唇瓣的轮廓近倒卵形，基部收狭呈爪状，3裂。侧裂片直立，三角形，先端锐尖。中裂片近四方形，肉质，先端近平截，中间稍有凹缺。唇盘基部具3片褶片，侧生的褶片延伸到中裂片近基部。蕊柱足长近5毫米。花粉团倒卵形，黄色。

生态习性 生于海拔700～1000米的岩壁、树干上。

保护级别 CITES附录Ⅱ收录物种。

◎ 假鳞茎　朱鑫鑫
◎ 花序　朱鑫鑫

十字兰（shízìlán）*Habenaria schindleri*

形态特征 块茎肉质，长圆形或卵圆形。茎直立，圆柱形，具多片疏生的叶，向上渐小呈苞片状，中下部具4～7片叶，叶片线形。总状花序具10～20余朵花。子房圆柱形，扭转，稍弧曲，无毛。花白色，无毛。花瓣直立，半正三角形，2裂。唇瓣向前伸，基部线形，近基部1/3处的3深裂呈十字形，裂片线形，近等长。中裂片劲直，先端渐尖。侧裂片与中裂片垂直伸展，向先端增宽且具流苏。距下垂，近末端突然膨大，粗棒状，向前弯曲，末端钝，与子房等长。柱头2个，隆起，长圆形，向前伸，并行。

生态习性 生于海拔240～1700米的山坡林下或沟谷草丛中。

保护级别 IUCN红色名录易危（VU）级别；CITES附录Ⅱ收录物种。

◎ 花序　朱鑫鑫
◎ 果序　朱鑫鑫

天门冬科 Asparagaceae

黄精（huángjīng）*Polygonatum sibiricum*

形态特征 根状茎圆柱状，节膨大，直径1～2厘米。茎高可达1米以上，有时呈攀缘状。叶轮生，每轮4～6片，条状披针形，先端拳卷或弯曲。花序通常具2～4朵花，伞状。总花梗长1～2厘米，俯垂。苞片膜质，钻形或条状披针形。花被乳白色至淡黄色，花被筒中部稍缢缩。浆果直径7～10毫米，黑色，具4～7颗种子。

生态习性 生于海拔800～2800米的林下、灌丛中或山坡阴处。

保护级别 安徽省重点保护物种。

◎ 花期　胡迎峰
◎ 果期　赵凯

◎ 花序　赵凯
◎ 果序　赵凯

多花黄精（duōhuā huángjīng）*Polygonatum cyrtonema*

形态特征　根状茎肥厚，常呈连珠状或结节成块，稀近圆柱形，径1～2厘米。叶互生，椭圆形、卵状披针形或长圆状披针形，稍镰状弯曲，长10～18厘米，宽2～7厘米，先端尖或渐尖。花序伞形，具2～7朵花，花序梗长1～4厘米。花梗长0.5～1.5厘米。苞片微小，生于花梗中部以下或无。花被黄绿色，长1.8～2.5厘米。浆果成熟时呈黑色，径约1厘米，具3～9颗种子。

生态习性　生于海拔500米以上的林下、灌丛中或山坡阴处。

保护级别　IUCN红色名录近危（NT）级别。

金寨黄精（jīnzhài huángjīng）*Polygonatum jinzhaiense*

形态特征 根状茎粗圆柱状，横向延伸，粗2～3厘米，淡黄色，小根纤维状。茎直立，高达1.6米。叶互生，长椭圆形。总状伞形花序腋生，具10～15朵花，总花梗长5～9厘米，花梗长1～2厘米，无苞片。花被筒状，淡黄色，裂片6片。雄蕊6个，贴生于花被筒中下部，花药箭形。子房椭圆形，花柱下部稍弯曲，柱头不裂。浆果圆球形。

生态习性 生于海拔800～2800米的林下、灌丛中或山坡阴处。

保护级别 IUCN红色名录易危（VU）级别。

◎ 果期　赵凯
◎ 根状茎　赵凯
◎ 花期　赵凯

莎草科 Cyperaceae

大别薹（dàbiétái）*Carex dabieensis*

别　　名 大别薹草。

形态特征 多年生草本。秆柔弱，纤细，三棱柱形，高35～40厘米。叶短于或稍长于秆，上面具2脉，下面主脉隆起。小穗4～5个，顶生小穗雄性，线状圆柱形，淡黄色，有花序梗，其余小穗疏远，按雄雌顺序排列，线状圆柱形。雄花鳞片淡黄色，披针形，先端具短尖头。雌花鳞片卵状披针形，苍白色，背部绿色，3脉，具短尖头或短芒。果胞卵状椭圆形，膜质，淡黄绿色，基部渐狭具短柄，顶端急收缩成短圆柱状喙。坚果倒卵状，略呈三棱形，苍白。

生态习性 生于山谷溪流边的石隙中。

保护级别 无。鹞落坪为该种模式产地。

◎ 植株　朱鑫鑫
◎ 花期　朱鑫鑫

领春木科 Eupteleaceae

领春木（lǐngchūnmù）*Euptelea pleiosperma*

形态特征 落叶灌木或小乔木，高2～15米。树皮紫黑色或棕灰色。芽卵形，鳞片深褐色，光亮。叶纸质，卵形或近圆形，先端突生尾尖，基部楔形或宽楔形，边缘疏生顶端加厚的锯齿。花丛生。雄蕊6～14个，花药红色，比花丝长。心皮6～12片，子房偏斜，柱头面在腹面，斧形，具微小黏质凸起。翅果棕色，具1～3颗种子，卵形，黑色。

生态习性 生于海拔900～3600米的溪边杂木林中。

保护级别 安徽省重点保护物种。

◎ 花期　赵凯
◎ 果期　赵凯

罂粟科 Papaveraceae

延胡索（yánhúsuǒ）*Corydalis yanhusuo*

形态特征 块茎圆球形，直径0.5～2.5厘米，质黄。茎直立，常分枝，通常具3～4片茎生叶，鳞片和下部茎生叶常具腋生块茎。叶二回三出或近三回三出，小叶3裂或3深裂，具全缘的披针形裂片。总状花序疏生5～15朵花，花紫红色。外花瓣宽展，具齿，顶端微凹，具短尖。上花瓣瓣片与距常上弯，距圆筒形。蜜腺体约贯穿距长的1/2，末端钝。下花瓣具短爪，向前渐增大成宽展的瓣片。蒴果线形，具1列种子。

生态习性 生于山坡林下。

保护级别 IUCN红色名录易危（VU）级别。

◎ 块茎　赵凯
◎ 花期　赵凯

小檗科 Berberidaceae

八角莲（bājiǎolián）*Dysosma versipellis*

◎ 果序　赵凯
◎ 花序　张思宇

形态特征　植株高40～150厘米。根状茎粗壮，横生，多须根。茎直立，不分枝，无毛，淡绿色。茎生叶2片，盾状，近圆形，具4～9条掌状浅裂。花梗纤细，下弯，被柔毛。花深红色，5～8朵簇生于叶基部不远处，下垂。萼片6片，长圆状椭圆形。花瓣6片，勺状倒卵形。雄蕊6个，花丝短于花药。子房椭圆形，花柱短，柱头盾状。浆果椭圆形。

生态习性　生于海拔300～2400米的山坡林下、灌丛中、溪旁阴湿处、竹林下或石灰山常绿林下。

保护级别　国家二级重点保护物种；IUCN红色名录易危（VU）级别。

◎ 果期　赵鑫磊
◎ 花期　赵凯

三枝九叶草（sānzhī jiǔyècǎo）*Epimedium sagittatum*

别　　名　箭叶淫羊藿。

形态特征　根状茎粗短，节结状，质硬，多须根。一回三出复叶基生和茎生，小叶3片。小叶革质，卵形至卵状披针形，先端急尖或渐尖，基部心形，侧生小叶基部高度偏斜。圆锥花序具200朵花，花较小，白色。萼片2轮，外萼片4片，先端钝圆，具紫色斑点，内萼片卵状三角形，白色。花瓣囊状，淡棕黄色，先端钝圆。雌蕊长约3毫米，花柱长于子房。蒴果长约1厘米，花柱宿存。

生态习性　生于海拔200～1750米的山坡草丛中、林下、灌丛中、水沟边或岩边石缝中。

保护级别　安徽省重点保护物种；IUCN红色名录近危（NT）级别。

黄杨科 Buxaceae

◎ 雄花 赵凯
◎ 果 赵凯

小叶黄杨（xiǎoyè huángyáng）*Buxus sinica* var. *parvifolia*

别　　名　珍珠黄杨、鱼鳞黄杨、鱼鳞木。

形态特征　低矮直立灌木，高50～100厘米，有时可达1.5米。分枝密集，小枝节间长3～5毫米。叶长5～10毫米，偶达1.5厘米，宽不及1厘米。叶柄短，长1～2毫米。花序短，多顶生，兼有腋生。雄花无梗，雄蕊较萼片长约1倍。雌花单生于花序顶端。子房卵形，柱头面倒心形，不下延。蒴果近球形，宿存花柱开展，角状。

生态习性　生于海拔1000米以上的山顶岩石缝隙中。

保护级别　安徽省重点保护物种。

金缕梅科 Hamamelidaceae

◎ 花序 赵凯
◎ 果序 赵凯

牛鼻栓（niúbíshuān）*Fortunearia sinensis*

形态特征 落叶灌木或小乔木。叶倒卵形或倒卵状椭圆形，先端锐尖，基部圆形或钝，稍偏斜。边缘有锯齿，齿尖稍向下弯。两性花的总状花序长4～8厘米，苞片及小苞片披针形。花瓣狭披针形。雄蕊近无柄，花药卵形。子房略有毛，花柱反卷。蒴果卵圆形，有白色皮孔，沿室间2片裂开。种子卵圆形，褐色，有光泽，种脐马鞍形，稍带白色。

生态习性 生于海拔1000米以下的落叶阔叶林或针阔混交林中。

保护级别 IUCN红色名录易危（VU）级别。

芍药科 Paeoniaceae

草芍药（cǎosháoyào）*Paeonia obovata*

形态特征 根粗壮，长圆柱形。茎高30～70厘米，无毛。茎下部叶为三回三出复叶。顶生小叶倒卵形或宽椭圆形，顶端短尖，基部楔形，全缘。侧生小叶比顶生小叶小，同形。茎上部叶为三出复叶或单叶。单花顶生，萼片3～5片，宽卵形。花瓣6片，白色、红色、紫红色，倒卵形。花丝淡红色，花药长圆形。花盘浅杯状，包住心皮基部。心皮2～3片，无毛。蓇葖卵圆形，成熟时果皮反卷呈红色。

生态习性 生于海拔800～2600米的山坡草地上及林缘处。

保护级别 安徽省重点保护物种。

◎ 花 赵凯
◎ 果 赵凯

连香树科 Cercidiphyllaceae

连香树（liánxiāngshù）*Cercidiphyllum japonicum*

形态特征 落叶大乔木，高10～20米。树皮灰色或棕灰色。短枝上的叶为近圆形、宽卵形或心形，长枝上的叶为椭圆形或三角形，先端圆钝或急尖，基部心形或截形，边缘有圆钝锯齿，先端具腺体，掌状脉7条直达边缘。雄花常4朵丛生，近无梗。雌花2～8朵，丛生。花柱上端为柱头面。蓇葖果2～4个，荚果状，褐色或黑色，微弯曲，先端渐细，有宿存花柱。种子数颗，扁平四角形，褐色，先端有透明翅。

生态习性 生于海拔650～2700米的山谷边缘或林中开阔地的杂木林中。

保护级别 国家二级重点保护物种。

◎ 雌花　朱鑫鑫
◎ 果　赵凯
◎ 雄花　朱鑫鑫

豆科 Fabaceae

野大豆（yědàdòu）*Glycine soja*

别　　名　（豆劳）豆。

形态特征　1年生缠绕草本，长1～4米。茎、小枝纤细，全体疏被褐色长硬毛。叶具3片小叶。托叶卵状披针形，急尖。总状花序短，苞片披针形。花萼钟状，裂片5片，三角状披针形。花冠淡红紫色或白色，旗瓣近圆形，先端微凹，翼瓣斜倒卵形，有明显的耳，龙骨瓣比旗瓣及翼瓣短小。花柱短且向一侧弯曲。荚果长圆形，稍弯，两侧稍扁，密被长硬毛，种子间稍缢缩，干时易裂。种子2～3颗，椭圆形，稍扁，褐色至黑色。

生态习性　生于林缘、路旁、灌丛、田埂、河堤等生境中，稀见于林下。

保护级别　国家二级重点保护物种。

◎ 果　赵凯
◎ 花　赵凯

湖北紫荆（húběi zǐjīng）*Cercis glabra*

别　　名　巨紫荆。

形态特征　乔木，高6～16米。叶厚纸质或近革质，心脏形或三角状圆形，先端钝或急尖，基部浅心形至深心形，幼叶常呈紫红色，长大后绿色。总状花序短，具10余朵花。花淡紫红色或粉红色，先于叶或与叶同时开放。荚果狭长圆形，紫红色，长9～14厘米，少数短于9厘米，翅宽约2毫米。种子1～8颗，近圆形，扁。

生态习性　生于海拔600～1900米的山地疏林、密林、山谷中及路边或岩石上。

保护级别　安徽省重点保护物种。

◎ 果期　张思宇
◎ 花期　赵凯

◎ 果期　赵凯
◎ 花期　赵凯

黄檀（huángtán）*Dalbergia hupeana*

形态特征　乔木，高10～20米。树皮暗灰色，薄片状剥落。羽状复叶有小叶3～5对，近革质，椭圆形至长圆状椭圆形，先端钝或稍凹。圆锥花序顶生或生于最上部的叶腋间，疏被锈色短柔毛。花密集，与花萼同疏被锈色柔毛。花冠白色或淡紫色，旗瓣圆形，先端微缺，翼瓣倒卵形，龙骨瓣关月形，与翼瓣内侧均具耳。雄蕊10个。花柱纤细，柱头头状。荚果长圆形或宽舌状，果瓣薄革质。种子肾形，1～2颗，部分有网纹。

生态习性　生于海拔1500米以下的山地林中、山沟溪旁。

保护级别　IUCN红色名录近危（NT）级别；CITES附录Ⅱ收录物种。

◎ 花期　朱鑫鑫
◎ 果期　赵凯

大金刚藤（dà jīngāngténg）*Dalbergia dyeriana*

别　　名　大金刚藤黄檀。

形态特征　大藤本。羽状复叶有小叶4～7对，薄革质，倒卵状长圆形或长圆形。圆锥花序腋生，总花梗、分枝与花梗均略被短柔毛。花冠黄白色，旗瓣长圆形，先端微缺，翼瓣倒卵状长圆形，无耳，龙骨瓣狭长圆形，内侧有短耳。雄蕊9个，单体，花丝上部1/4离生。子房具短柄，柱头小，较尖。荚果长圆形或带状，扁平，果瓣薄革质，干时淡褐色。种子1～2颗，长圆状肾形。

生态习性　生于海拔700～1500米的山坡灌丛或山谷密林中。

保护级别　CITES附录Ⅱ收录物种。

蔷薇科 Rosaceae

◎ 果期　赵凯
◎ 花期　赵凯

黄山花楸（huángshān huāqiū）*Sorbus amabilis*

形态特征　乔木，高达10米。奇数羽状复叶，小叶片4～6对，长圆形或长圆披针形，先端渐尖，基部圆形，一侧较偏斜，边缘自基部或1/3以上部分有粗锐锯齿。复伞房花序顶生。花瓣宽卵形或近圆形，先端圆钝，白色，内面微有柔毛或无毛。雄蕊20个，短于花瓣。花柱3～4个，稍短于雄蕊或约与雄蕊等长，基部密生柔毛。果实球形，直径6～7毫米，红色，先端具宿存闭合萼片。

生态习性　多生于海拔900米以上的山顶灌丛中。

保护级别　安徽省重点保护物种。

胡颓子科 Elaeagnaceae

长梗胡颓子（chánggěng hútuízi）*Elaeagnus longipedunculata*

形态特征 落叶灌木或小乔木，高4米。老枝具单刺或分枝的刺。叶先端短渐尖或急尖，基部宽楔形，初时上面密被银白色鳞片，后渐脱落，下面密被银白色鳞片。花单生于短枝叶腋，白色和黄色并存，外面被银白色鳞片。萼筒圆筒形，在裂片下面微收缩，至子房上部收缩明显，先端4裂。雄蕊4个，花丝极短，着生于萼筒喉部。花柱直立，先端呈钩状弯曲。核果幼时椭圆形，密生暗棕色鳞片，果梗纤细如丝，下垂，密被银白色鳞片，花后增长达5～9厘米。果成熟时呈椭圆形或矩圆状椭圆形，红色。

生态习性 多生于海拔900米以上的沟谷林缘或开阔阴凉处。

保护级别 安徽省重点保护物种；鹞落坪为该种模式产地。

◎ 果期　朱鑫鑫
◎ 花期　赵凯

◎ 果期　赵凯

鼠李科　Rhamnaceae

毛柄小勾儿茶（máobǐng xiǎogōu'érchá）*Berchemiella wilsonii* var. *pubipetiolata*

形态特征　小乔木，高达7米。叶纸质，互生，椭圆形，先端短渐尖，基部宽楔形，稍歪斜，全缘，侧脉7～10条。叶柄有柔毛，托叶短小，脱落。聚伞总状花序顶生。花萼5裂，萼片卵状三角形，内面中肋凸起，中部有喙状凸起。花瓣宽倒卵形。核果圆柱形，成熟时紫红色。

生态习性　生于海拔500～1100米的阴坡或半阴坡谷地溪旁、路边山坡杂木林中。

保护级别　国家二级重点保护物种；极小种群保护物种；IUCN红色名录极危（CR）级别。

大麻科 Cannabaceae

青檀（qīngtán）*Pteroceltis tatarinowii*

形态特征 乔木，高达20米或20米以上。树皮灰色或深灰色，呈不规则长片状剥落。叶纸质，宽卵形至长卵形，先端渐尖至尾状渐尖，基部不对称，楔形、圆形或截形，边缘有不整齐的锯齿，基部三出脉。翅果状坚果近圆形或近四方形，黄绿色或黄褐色，翅宽，稍带木质，有放射线条纹，顶端有凹缺，具宿存的花柱和花被。

生态习性 生于海拔100～1500米的山谷溪边、石灰岩山地上、疏林中。

保护级别 安徽省重点保护物种。

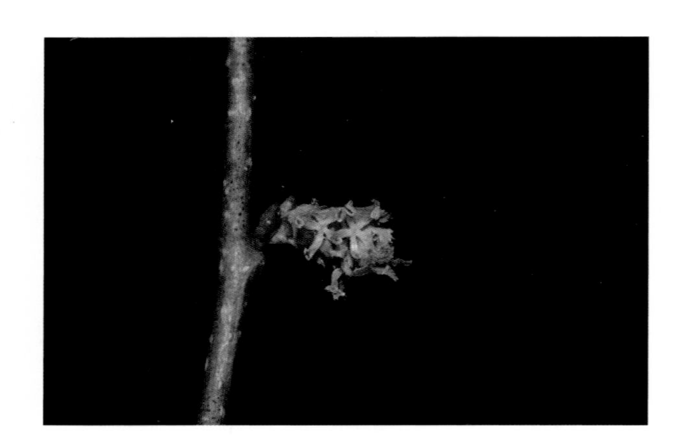

◎ 花　朱鑫鑫
◎ 果　赵凯

榆科 Ulmaceae

大叶榉树（dàyè jǔshù）*Zelkova schneideriana*

形态特征 乔木，高达35米。树皮灰褐色至深灰色，呈不规则片状剥落。叶厚纸质，大小形状变异很大，卵形至椭圆状披针形，先端渐尖、尾状渐尖或锐尖，基部稍偏斜，圆形、宽楔形、稀浅心形。叶面绿色，干后为深绿色至暗褐色，被糙毛，叶背浅绿色，干后为淡绿色至紫红色，密被柔毛，边缘具圆形锯齿。雄花1～3朵簇生于叶腋，雌花或两性花常单生于小枝上部叶腋。

生态习性 生于海拔200～1100米的溪水旁或山坡土层较厚的疏林中。

保护级别 国家二级重点保护物种；IUCN红色名录近危（NT）级别。

◎ 花 朱鑫鑫
◎ 果 赵凯

榉树（jǔshù）*Zelkova serrata*

◎ 果　朱鑫鑫
◎ 花　朱鑫鑫

别　　名　光叶榉。

形态特征　乔木。树皮灰白色或灰褐色，呈不规则片状剥落。叶薄，纸质至厚纸质，大小形状变异很大，卵形、椭圆形或卵状披针形，先端渐尖或尾状渐尖，基部有的稍偏斜，圆形或浅心形，稀宽楔形。叶幼时被短柔毛，后脱落或仅沿主脉两侧残留稀疏的柔毛，边缘有圆形锯齿，具短尖头。雄花具极短的梗，花被裂至中部。雌花近无梗，花被片4～6片，子房被细毛。核果几乎无梗，淡绿色，斜卵状圆锥形，上面偏斜，凹陷，具宿存的花被。

生态习性　生于海拔500～1900米的河谷、溪边疏林中。

保护级别　安徽省重点保护物种。

胡桃科 Juglandaceae

青钱柳（qīngqiánliǔ）*Cyclocarya paliurus*

形态特征 乔木，高10～30米。树皮灰色。枝条黑褐色，具灰黄色皮孔。奇数羽状复叶，具7～9片小叶。侧生小叶近对生或互生，长椭圆状卵形至阔披针形，基部歪斜。雄性葇荑花序长7～18厘米，雄花具长约1毫米的花梗。雌性葇荑花序单独顶生，在其下端不生雌花的部分常有1片长约1厘米的被锈褐色毛的鳞片。果序轴长25～30厘米，果实扁球形，果实中部围有径达2.5～6厘米的革质圆盘状翅（水平方向），顶端具4片宿存的花被片及花柱。

生态习性 生于海拔500～2500米的山地湿润的森林中。

保护级别 安徽省重点保护物种。

◎ 果 赵凯
◎ 花 朱鑫鑫

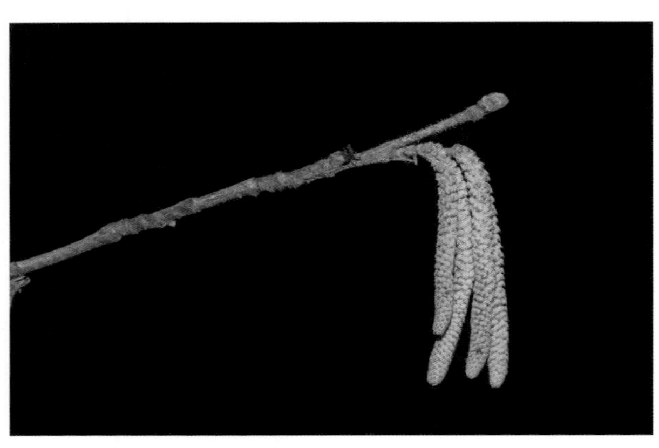

◎ 果　赵凯
◎ 花　赵凯

桦木科 Betulaceae

华榛（huázhēn）*Corylus chinensis*

形态特征 乔木，高可达20米。叶椭圆形、宽椭圆形或宽卵形，顶端骤尖至短尾状，基部心形，两侧显著不对称，边缘具不规则钝锯齿。雄花序2～8个排成总状。苞鳞三角形，锐尖，顶端具1个易脱落的刺状腺体。果2～6个簇生成头状，果苞管状，于果的上部缢缩，比果长2倍，外面具纵肋，疏被长柔毛及刺状腺体，上部深裂，具3～5片镰状披针形裂片，裂片通常又分叉成小裂片。坚果球形，长1～2厘米，无毛。

生态习性 生于海拔2000～3500米的湿润山坡林中。

保护级别 安徽省重点保护物种。

芸香科 Rutaceae

秃叶黄檗（tūyè huángbò）*Phellodendron chinense* var. *glabriusculum*

别　　名　黄柏。

形态特征　树高达15米，有厚、纵裂的木栓层，内皮黄色，小枝粗壮，暗紫红色，无毛。叶轴及叶柄粗壮，无毛或被疏毛。有小叶7～15片，小叶长圆状披针形或卵状椭圆形，两侧略不对称，边全缘或浅波浪状。花序顶生，花通常密集，花序轴粗壮，密被短柔毛。果多数密集成团，果的顶部略狭窄，近圆球形。

生态习性　多生于海拔800～1500米的山地疏林或密林中。

保护级别　国家二级重点保护物种。

◎ 果　赵凯

朵花椒（duǒhuājiāo）

Zanthoxylum molle

形态特征 落叶乔木，高达10米。树皮褐黑色，嫩枝暗紫红色，茎干有鼓钉状锐刺，花序轴及枝顶部散生较多的短直刺，嫩枝的髓部大且中空，叶轴浑圆，常被短毛。叶有小叶13～19片，阔卵形或椭圆形。花序顶生，多花。总花梗常有锐刺。花梗淡紫红色，密被短毛。萼片及花瓣均为5片，花瓣白色。雄花的退化雌蕊约与花瓣等长，顶端3浅裂。雌花的退化雄蕊极短，心皮3片。果柄及分果瓣淡紫红色，干后为淡黄灰色至灰棕色。

生态习性 生于海拔100～700米的丘陵地区较干燥的疏林或灌木丛中。

保护级别 IUCN红色名录易危（VU）级别。

◎ 果　朱鑫鑫
◎ 花　朱鑫鑫
◎ 茎　赵凯

无患子科 Sapindaceae

临安槭（lín'ānqì）*Acer linganense*

形态特征 落叶小乔木，高6～7米。树皮深褐色。小枝圆柱形，淡紫绿色，无毛。叶纸质，直径5～6厘米，通常9裂，裂片先端锐尖，边缘具紧贴的锐尖锯齿，深几达于叶中。伞房花序具3～5朵花。花杂性，雄花与两性花同株。花瓣5片，淡黄白色，阔卵形。雄蕊7～8个，着生于花盘内侧，在雄花中者与萼片近等长，在两性花中者与花瓣近等长。花柱淡紫色，无毛，柱头不反卷。翅果长2～2.4厘米，嫩时淡紫色，成熟后淡黄色，翅镰刀形，中段最宽，张开呈锐角至钝角。

生态习性 生于海拔600～1300米的山谷或溪边林中。

保护级别 安徽省重点保护物种；IUCN红色名录易危（VU）级别。

◎ 果期　赵凯
◎ 花期　赵凯

◎ 果期　赵凯
◎ 花期　赵凯

葛萝槭（géluóqì）*Acer davidii* subsp. *grosseri*

形态特征　落叶乔木。叶纸质，卵形，边缘具密而尖锐的重锯齿，基部近心脏形，5裂。中裂片三角形或三角状卵形，先端钝尖，有短尖尾。侧裂片和基部裂片钝尖。花淡黄绿色，单性，雌雄异株，常成细瘦下垂的总状花序。雄蕊8个，子房紫色。翅果成熟后黄褐色，小坚果略微扁平，翅张开呈钝角或近于水平。

生态习性　生于海拔1000～1600米的疏林中。

保护级别　IUCN红色名录近危（NT）级别。

锐角槭（ruìjiǎoqì）*Acer acutum*

形态特征 落叶小乔木，高10～15米。叶纸质，基部心脏形，常7裂。裂片阔卵形或三角形，中央裂片顶端和侧裂片先端锐尖，基部裂片先端钝尖或不发育，两裂片间的凹缺钝尖。伞房花序长和直径均约7厘米，微被短柔毛，嫩叶初长时开花。花黄绿色，杂性。花瓣线状倒披针形或倒卵形。雄蕊8个，在雄花中者与萼片等长，在两性花中者仅长1.5毫米。子房、花柱无毛，柱头反卷。小坚果呈压扁状，翅长圆形，展开呈锐角。

生态习性 生于海拔800～1000米的疏林中。

保护级别 安徽省重点保护物种。

◎ 果期　朱鑫鑫

◎ 花期　朱鑫鑫

◎ 花期 朱鑫鑫
◎ 果期 朱鑫鑫

蜡枝槭（làzhīqì）*Acer ceriferum*

别　　名 安徽槭、杈叶枫。

形态特征 落叶乔木，高约12米。小枝细瘦，当年生枝淡紫色或淡紫绿色，密被淡灰色长柔毛。叶纸质，圆形，直径4～7厘米，基部截形，稀近于心脏形，常7裂，稀5裂。裂片先端锐尖，边缘具尖锐的细锯齿，裂片间的凹缺很狭窄，深达叶片的1/2。果实紫黄色，常成小的伞房果序。小坚果凸起，翅镰刀形，展开近于水平。宿存的萼片长圆形或长圆状披针形，两面均被长柔毛。

生态习性 生于海拔1500米的山谷疏林中。

保护级别 安徽省重点保护物种；IUCN红色名录近危（NT）级别。

稀花槭（xīhuāqì）*Acer pauciflorum*

别　　名　昌化槭、毛鸡爪槭。

形态特征　落叶灌木，高1～3米。叶膜质，近圆形，直径3～4厘米。基部心脏形或近心脏形，5裂，裂片长卵圆形或长椭圆形，先端锐尖，边缘具锐尖的重锯齿，裂片间的凹缺锐尖，深达叶片的2/3。花序是由几朵花组成的伞房花序。翅果嫩时淡紫色，后成淡黄色，每果梗上仅生1个果实。小坚果凸起，椭圆形，翅长圆形，展开成直角。

生态习性　生于海拔50～300米的疏林中。

保护级别　安徽省重点保护物种；IUCN红色名录易危（VU）级别。

◎ 果期　朱鑫鑫
◎ 花期　朱鑫鑫

锦葵科 Malvaceae

南京椴（nánjīngduàn）*Tilia miqueliana*

形态特征 乔木，高20米，树皮灰白色。嫩枝有黄褐色茸毛。叶卵圆形，先端急短尖，基部心形，稍偏斜，上面无毛，下面被灰色或灰黄色星状茸毛，边缘有整齐锯齿。聚伞花序具3～12朵花，花序柄被灰色茸毛。萼片长5～6毫米，被灰色毛，花瓣比萼片略长。退化雄蕊呈花瓣状，较短小，雄蕊比萼片稍短。子房有毛，花柱与花瓣平齐。果实球形，无棱，被星状柔毛，有小凸起。

生态习性 多生于海拔1100米以下的阔叶林中。

保护级别 安徽省重点保护物种；IUCN红色名录易危（VU）级别。

◎ 果期　赵凯
◎ 花期　朱鑫鑫

檀香科 Santalaceae

百蕊草（bǎiruìcǎo）*Thesium chinense*

形态特征 多年生柔弱草本，无毛。茎细长，簇生，基部以上疏分枝，斜升，有纵沟。叶线形，顶端急尖或渐尖，具单脉。花单一，腋生。苞片1片，线状披针形。花被绿白色，花被管呈管状，花被裂片顶端锐尖，内弯。雄蕊不外伸，子房无柄，花柱很短。坚果椭圆状或近球形，淡绿色，表面有明显、隆起的网脉，顶端的宿存花被近球形。

生态习性 生于荫蔽湿润或潮湿的小溪边、田野和草甸中。

保护级别 安徽省重点保护物种。

◎ 果期 赵凯
◎ 花期 赵凯

青皮木科 Schoepfiaceae

◎ 果期　赵凯
◎ 花期　赵凯

青皮木（qīngpímù）*Schoepfia jasminodora*

形态特征　落叶小乔木或灌木，高3～14米。具短枝，新枝自去年生短枝上抽出，嫩时红色。叶纸质，卵形或长卵形，顶端近尾状或长尖，基部圆形，稀微凹或宽楔形。花无梗，3～9朵排成穗状花序状的螺旋状聚伞花序。花萼筒杯状，上端有4～5颗小萼齿。花冠钟形或宽钟形，白色或浅黄色，先端具4～5颗小裂齿。雄蕊着生在花冠管上，花冠内着生雄蕊处的下部各有1束短毛。子房半埋在花盘中，柱头通常伸出花冠管外。果椭圆状或长圆形，成熟时几乎全部被增大呈壶状的花萼筒包围，增大的花萼筒外部呈紫红色，基部被略膨大的“基座”承托。

生态习性　生于海拔500～1000米的山谷、水沟、山坡、路旁的密林或疏林中。

保护级别　安徽省重点保护物种。

石竹科 Caryophyllaceae

孩儿参（hái'érshēn）*Pseudostellaria heterophylla*

别　　名 太子参、异叶假繁缕。

形态特征 多年生草本，高15～20厘米。块根长纺锤形，白色，稍带灰黄色。茎直立，单生，被2列短毛。茎下部叶常1～2对，上部叶2～3对，宽卵形或菱状卵形。开花时受精花1～3朵，腋生或成聚伞花序。萼片5片，狭披针形花瓣5片，白色，长圆形或倒卵形，顶端2浅裂。雄蕊10个，短于花瓣，子房卵形，花柱3个，微长于雄蕊，柱头头状。闭花受精，花具短梗。蒴果宽卵形，含少数种子，顶端不裂或3瓣裂。种子褐色，扁圆形。

生态习性 生于海拔800～2700米的山谷林下阴湿处。

保护级别 安徽省重点保护物种。

◎ 花期　赵凯
◎ 块根　赵凯
◎ 果期　赵凯

蓼科 Polygonaceae

金荞麦（jīnqiáomài）*Fagopyrum dibotrys*

形态特征 多年生草本。根状茎木质化，黑褐色。茎直立，高50～100厘米，分枝，具纵棱，无毛。叶三角形，顶端渐尖，基部近戟形，边缘全缘。托叶鞘筒状，偏斜，顶端截形，无缘毛。花序伞房状，顶生或腋生。苞片卵状披针形，顶端尖，边缘膜质，每苞内具2～4朵花。花梗中部具关节，与苞片近等长。花被5深裂，白色，花被片长椭圆形。雄蕊8个，比花被短，花柱3个，柱头头状。瘦果宽卵形，具3个锐棱，黑褐色，无光泽。

生态习性 生于海拔250～3200米的山谷湿地、山坡灌丛中。

保护级别 国家二级重点保护物种。

◎ 果期 朱鑫鑫
◎ 花期 张思宇

◎ 基生叶 朱鑫鑫
◎ 花期 朱鑫鑫

拳参（quánshēn）*Bistorta officinalis*

别　　名　拳蓼。

形态特征　多年生草本。根状茎肥厚，直径1～3厘米，弯曲，黑褐色。茎直立，高50～90厘米，不分枝，通常2～3条自根状茎发出。基生叶宽披针形或狭卵形，纸质，顶端渐尖或急尖，基部截形或近心形，沿叶柄下延成翅。茎生叶披针形或线形，无柄。托叶筒状，无缘毛。总状花序穗状，顶生，紧密。苞片卵形，每片苞片内含3～4朵花。花被5深裂，白色或淡红色，花被片椭圆形。雄蕊8个，花柱3个，柱头头状。瘦果椭圆形，两端尖，褐色，有光泽，稍长于宿存的花被。

生态习性　生于海拔800～3000米的山坡草地、山顶草甸中。

保护级别　安徽省重点保护物种。

凤仙花科 Balsaminaceae

安徽凤仙花（ānhuī fèngxiānhuā）*Impatiens anhuiensis*

形态特征 1年生草本，高50～60厘米，全株无毛。茎直立，有分枝。叶互生，顶端渐尖或尾状渐尖，基部宽楔形至圆形，边缘具圆形锯齿，齿端具小尖。总花梗生于上部叶腋，具2～3朵花，有时具1朵不育花。苞片卵形，宿存。花紫红色。旗瓣近圆形，具不明显龙骨状凸起。翼瓣2裂，背部具半圆形反折的小耳。唇瓣宽漏斗状，具小尖。基部急狭成2浅裂的弯距。子房纺锤状，喙尖。蒴果线状圆柱形，顶端喙尖。种子多数，长圆状球形，栗褐色，具皱纹。

生态习性 生于海拔1200米的山谷岩石缝隙中。

保护级别 安徽省重点保护物种；鹞落坪为该种模式产地。

◎ 花　赵凯
◎ 花期　赵凯

山矾科 Symplocaceae

光亮山矾（guāngliàng shānfán）*Symplocos lucida*

别　　名 叶萼山矾、四川山矾。

形态特征 乔木。小枝无毛，黄褐色。叶纸质，长圆形或长圆状椭圆形，先端短渐尖。基部楔形，边缘具锯齿或近全缘，两面均无毛。中脉、侧脉、网脉在叶面均凸起，每边具侧脉9～10条。叶柄长约2厘米。总状花序腋生，长约2厘米。花萼无毛，裂片圆形，绿色，稍长于萼筒。花冠白色。核果，椭圆形，成熟时黑色。

生态习性 生于海拔1200米以上的山脊或山顶乱石中。

保护级别 安徽省重点保护物种。

◎ 果　赵凯
◎ 花　赵凯

猕猴桃科 Actinidiaceae

◎ 果　赵凯

软枣猕猴桃（ruǎnzǎo míhóutáo）*Actinidia arguta*

形态特征　大型落叶藤本。小枝基本无毛或幼嫩时星散地薄被柔软绒毛或茸毛。皮孔长圆形至短条形，不显著至很不显著。髓白色至淡褐色。叶膜质呈片层状，叶较大，阔椭圆形，有时为阔倒卵形，长8～12厘米，宽5～10厘米，基部圆形，边缘锯齿不内弯。背面仅脉腋上有白色髯毛，叶脉很不明显。花药暗紫色。果成熟时绿黄色，圆形至柱状长圆形，长2～3厘米，顶端有钝喙。

生态习性　生于海拔600米以上的林地。

保护级别　国家二级重点保护物种；IUCN红色名录近危（NT）级别。

◎ 果 赵凯
◎ 花 赵凯

中华猕猴桃（zhōnghuá míhóutáo）*Actinidia chinensis*

形态特征 大型落叶藤本。幼枝或厚或薄地被有灰白色茸毛、褐色长硬毛或铁锈色硬毛状刺毛，老时秃净或留有残毛。皮孔长圆形。髓白色至淡褐色，片层状。叶纸质，倒阔卵形、倒卵形或阔卵形至近圆形，顶端截平且中间凹陷或具凸尖。花直径2.5厘米，初放时白色，开放后变淡黄色，有香气。雄蕊极多，花丝狭条形。子房被绒毛。果近球形，长4～4.5厘米，被柔软的茸毛。

生态习性 生于海拔500米以上的林地、林缘及灌丛中。

保护级别 国家二级重点保护物种。

杜鹃花科 Ericaceae

水晶兰（shuǐjīnglán）*Monotropa uniflora*

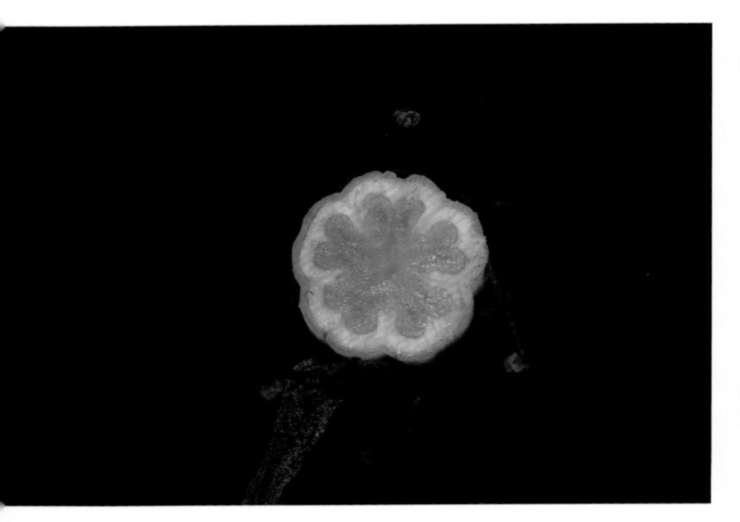

◎ 胎座　朱鑫鑫
◎ 果期　朱鑫鑫
◎ 花期　赵鑫磊

形态特征　多年生草本，腐生。茎直立，单一，不分枝，高10～30厘米。全株无叶绿素，白色，肉质，干后变黑褐色。叶鳞片状，直立，互生，长圆形、狭长圆形或宽披针形。花单一，顶生，先下垂，后直立，花冠筒状钟形。苞片鳞片状，与叶同形。萼片鳞片状，早落。花瓣5～6片，离生，楔形或倒卵状长圆形，有不整齐的齿，内侧常有密长粗毛，早落。雄蕊10～12个，花丝有粗毛，花药黄色。子房中轴胎座，5室。花柱长2～3毫米，柱头膨大成漏斗状。蒴果椭圆状球形，直立，向上。

生态习性　生于海拔800米以上的山地林下。

保护级别　IUCN红色名录近危（NT）级别。

羊踯躅（yángzhízhú）*Rhododendron molle*

别　　名　黄杜鹃、闹羊花。

形态特征　落叶灌木，高0.5～2米。分枝稀疏，枝条直立，幼时密被灰白色柔毛及疏刚毛。叶纸质，长圆形至长圆状披针形，边缘具睫毛。总状伞形花序顶生，花多达13朵，先花后叶或花与叶同时开放。花萼裂片小，圆齿状。花冠宽漏斗形，黄色或金黄色，内有深红色斑点，花冠管向基部渐狭，裂片5片，椭圆形或卵状长圆形。雄蕊5个，不等长，长不超过花冠。子房圆锥状，密被灰白色柔毛及疏刚毛，花柱无毛。蒴果圆锥状长圆形，具5条纵肋，被微柔毛和疏刚毛。

生态习性　生于海拔1000米的山坡草地、丘陵地区的灌丛中或山脊杂木林下。

保护级别　安徽省重点保护物种。

◎ 果　赵鑫磊
◎ 花　赵凯

都支杜鹃（dūzhī dùjuān）*Rhododendron shanii*

◎ 花序　赵凯
◎ 花期　赵凯

形态特征　常绿乔木，稀灌木，高2～10米。叶厚革质，椭圆形、长圆状椭圆形或倒卵状椭圆形，中脉凹陷，下面被稠密星状短绒毛，初为黄色，后呈深褐色，叶柄粗壮，上面扁平，具浅沟。顶生总状伞形花序，具10～14朵花。花冠钟形，初呈淡紫色，后渐白色，内面上方具红色斑点，基部微呈橘黄色。雄蕊11～14个，不等长，花丝基部被白色微柔毛，花药椭圆形，黄色。蒴果圆柱形，褐色。

生态习性　生于海拔1400～1700米的悬崖上或山脊松林中。

保护级别　安徽省重点保护物种；鹞落坪为该种模式产地。

◎ 花　赵凯
◎ 果　朱鑫鑫

云锦杜鹃（yúnjǐn dùjuān）*Rhododendron fortunei*

形态特征　常绿灌木或小乔木，高3～12米。主干弯曲，树皮褐色，片状开裂。叶厚革质，长圆形至长圆状椭圆形，上面深绿色，有光泽，下面淡绿色。顶生总状伞形花序，疏松，具6～12朵花，有香味。花萼小，具腺体。花冠漏斗状钟形，粉红色，裂片7片。雄蕊14个，子房圆锥形，密被腺体。蒴果长圆状卵形至长圆状椭圆形，直或微弯曲，褐色，有肋纹及腺体残迹。

生态习性　生于海拔620～2000米的山脊阳处或林下。

保护级别　安徽省重点保护物种。

山茶科 Theaceae

长喙紫茎（chánghuì zǐjīng）*Stewartia rostrata*

别　　名 长柱紫茎。

形态特征 落叶小乔木，树皮褐色不脱落，粗糙。嫩枝初时有微毛，后变秃。叶纸质，倒卵状椭圆形，先端锐尖，基部阔楔形或略圆，上面干后深绿色，不发亮，下面黄绿色，无毛，侧脉6～7对，在两面明显，边缘疏生小锯齿，齿尖锐利。花单生于枝顶叶腋，白色。苞片2片，长圆形，无毛。萼片5片，卵形，先端尖，边缘有小齿。

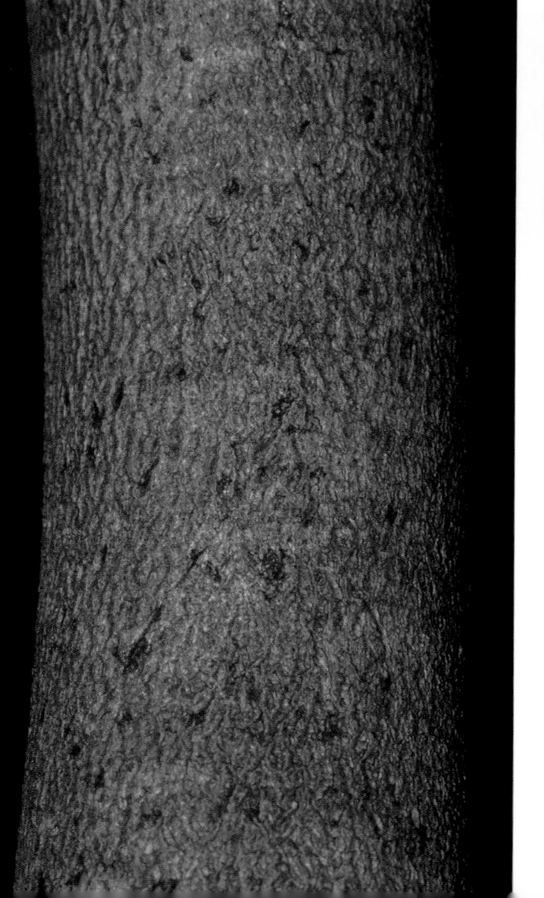

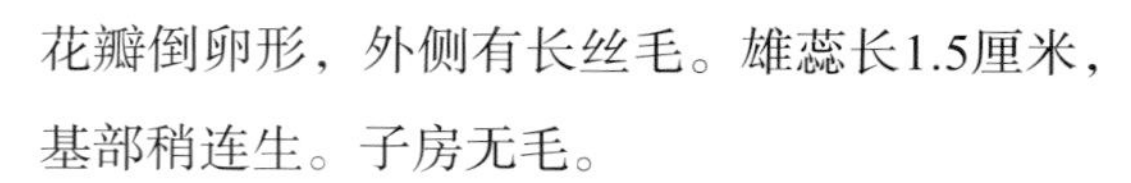

花瓣倒卵形，外侧有长丝毛。雄蕊长1.5厘米，基部稍连生。子房无毛。

生态习性 生于海拔1300米以下的湿润肥沃的林地。

保护级别 安徽省重点保护物种。

◎ 花　朱鑫鑫
◎ 果　朱鑫鑫
◎ 树皮　朱鑫鑫

天目紫茎（tiānmù zǐjīng）*Stewartia gemmata*

别　　名　紫茎。

形态特征　小乔木，树皮灰黄色。嫩枝无毛或有疏毛。叶纸质，椭圆形或卵状椭圆形，先端渐尖，基部楔形，边缘有粗齿，下面的叶腋常有簇生毛丛。花单生，苞片长卵形。萼片5片，基部连生，长卵形，先端尖，基部有毛。花瓣阔卵形，基部连生，外面有绢毛。雄蕊有短的花丝管，被毛，子房有毛。蒴果卵圆形，先端尖。种子长1厘米，有窄翅。

生态习性　生于海拔600～1700米的山坡、沟谷旁的落叶阔叶林中。

保护级别　安徽省重点保护物种。

◎ 果　朱鑫鑫
◎ 花　赵凯
◎ 树皮　朱鑫鑫

◎ 花　朱鑫鑫
◎ 果　赵凯

杜仲科　Eucommiaceae

杜仲（dùzhòng）*Eucommia ulmoides*

形态特征　落叶乔木，高达20米。树皮灰褐色，粗糙，内含胶，折断拉开有多数细丝。叶椭圆形、卵形或矩圆形，薄革质。花生于当年枝基部。雄花簇生，苞片倒卵状匙形，顶端圆形，边缘有睫毛，早落。雌花单生，苞片倒卵形，花梗长8毫米，子房无毛，1室，扁而长，先端2裂，子房柄极短。翅果扁平，长椭圆形。

生态习性　生于海拔300米以上的山地、谷地或低坡疏林里。

保护级别　安徽省重点保护物种；IUCN红色名录野外灭绝（EW）级别。

茜草科 Rubiaceae

香果树（xiāngguǒshù）

Emmenopterys henryi

形态特征 落叶大乔木，高达30米。树皮灰褐色，鳞片状。叶纸质或革质，阔椭圆形、阔卵形或卵状椭圆形。圆锥状聚伞花序顶生，花芳香。变态的叶状萼裂片白色、淡红色或淡黄色，匙状卵形或长椭圆形。花冠漏斗形，白色或黄色，被黄白色绒毛，裂片近圆形，花丝被绒毛。蒴果长圆状卵形或近纺锤形，有纵细棱。种子多数，小而有阔翅。

生态习性 生于海拔430～1630米的山谷林中，喜湿润肥沃的土壤。

保护级别 国家二级重点保护物种；IUCN红色名录近危（NT）级别。

◎ 果　赵凯
◎ 花　赵凯

木樨科 Oleaceae

蜡子树（làzǐshù）*Ligustrum leucanthum*

别　　名 长筒女贞。

形态特征 落叶灌木或小乔木，高1.5米。叶纸质或厚纸质，椭圆形、椭圆状长圆形至狭披针形、宽披针形，或为椭圆状卵形。圆锥花序着生于小枝顶端，花序轴被硬毛、柔毛、短柔毛至无毛。花萼截形或萼齿呈宽三角形，先端尖或钝。花冠管裂片卵形，近直立。果近球形至宽长圆形，蓝黑色。

生态习性 生于山坡林下、路边、山谷丛林中及荒地、溪沟边或林边。

保护级别 安徽省重点保护物种。

◎ 果期　赵凯
◎ 花期　赵凯

唇形科 Lamiaceae

白马鼠尾草（báimǎ shǔwěicǎo）*Salvia baimaensis*

形态特征 多年生草本，茎直立，高40～60厘米。密被短毛和具节柔毛。单叶或下部有时为三出复叶，叶片卵圆形、长卵圆形或椭圆状倒卵圆形，先端略尖，基部心形，边缘具不整齐的细圆齿。轮伞花序常具6朵花，苞片披针形。花萼筒形，散布淡黄色腺点。花冠白色。下唇中裂片先端花期淡红色。花柱无毛。

生态习性 生于海拔1400米以下的林缘、路旁、山坡上。

保护级别 IUCN红色名录近危（NT）级别。

◎ 花　朱鑫鑫
◎ 植株　赵凯

美丽鼠尾草（měilì shǔwěicǎo）*Salvia meiliensis*

形态特征 多年生草本，根红褐色，茎直立，高30～50厘米。密被长柔毛和腺毛。羽状复叶具3～5片小叶，顶生小叶宽卵圆形，先端急尖或钝圆，基部心形，边缘具圆齿。轮伞花序具8朵花或多花，组成顶生的假总状圆锥花序，花序轴密被长柔毛和腺毛。花萼筒状，外面密被腺毛，内面上部被短硬毛。花冠黄色，冠筒筒状。下唇中裂片先端呈流苏状。能育雄蕊外伸，近关节处具短腺毛。小坚果长椭圆形，光滑。

生态习性 生于山坡林缘、路边草丛中。

保护级别 IUCN红色名录近危（NT）级别；鹞落坪为该种模式产地。

◎ 基生叶　赵凯
◎ 花　赵凯

丹参（dānshēn）*Salvia miltiorrhiza*

形态特征 多年生直立草本。根肥厚，肉质，外面朱红色，里面白色。茎直立，四棱形，具槽，密被长柔毛，多分枝。叶常为奇数羽状复叶，小叶3～7片，卵圆形、椭圆状卵圆形或宽披针形。轮伞花序具6朵花或多花。花萼钟形，带紫色，具缘毛。花冠紫蓝色，外被具腺的短柔毛，冠筒外伸，比冠檐短，二唇形，上唇镰刀状，向上竖立，先端微缺，下唇短于上唇，3裂。能育雄蕊2个，伸至上唇片，退化雄蕊线形。花柱远外伸，先端具不相等2裂。小坚果黑色，椭圆形。

生态习性 生于海拔120～1300米的山坡上、林下草丛中或溪谷旁。

保护级别 安徽省重点保护物种。

◎ 根　朱鑫鑫
◎ 花期　赵凯

◎ 果　赵凯
◎ 花　赵凯

青荚叶科　Helwingiaceae

青荚叶（qīngjiáyè）*Helwingia japonica*

形态特征　落叶灌木，高1～2米。叶纸质，卵形、卵圆形，稀椭圆形，边缘具刺状细锯齿。叶上面亮绿色，下面淡绿色，托叶线状分裂。花淡绿色，3～5朵，花萼小，花瓣长1～2毫米，呈镊合状排列。雄花4～12朵，呈伞形或密伞花序，常着生于叶上面中脉的1/3～1/2处，稀着生于幼枝上部。雄蕊3～5个，生于花盘内侧。雌花1～3朵，着生于叶上面中脉的1/3～1/2处。子房卵圆形或球形，柱头3～5裂。浆果幼时绿色，成熟后黑色，分核3～5个。

生态习性　常生于海拔3300米以下的林中，喜阴湿肥沃的土壤。

保护级别　安徽省重点保护物种。

冬青科 Aquifoliaceae

大别山冬青（dàbiéshān dōngqīng）*Ilex dabieshanensis*

形态特征 常绿小乔木，高5米，全株无毛。树皮灰白色，平滑。叶厚革质，卵状长圆形、卵形或椭圆形，先端三角状急尖，末端终于一刺尖，基部近圆形或钝，边缘稍反卷，具4～8对刺齿，主脉在叶面上稍凹陷，在叶背面隆起。雄花序呈密团状簇生于1～2年生枝的叶腋内。花4基数，黄绿色。花萼近盘状，裂片近圆形，具缘毛。花瓣倒卵形，基部稍合生。果簇生于叶腋内，近球形或椭圆形，分核3个，卵状椭圆形，具掌状纵棱及沟，内果皮革质。

生态习性 生于海拔150～470米的山坡路边及沟边。

保护级别 安徽省重点保护物种；IUCN红色名录濒危（EN）级别。

◎ 果　朱鑫鑫
◎ 雌花　朱鑫鑫
◎ 雄花　朱鑫鑫

大叶冬青（dàyè dōngqīng）*Ilex latifolia*

别　　名　大叶苦酊、苦丁茶。

形态特征　常绿大乔木，高达20米。叶片厚革质，长圆形或卵状长圆形，先端钝或短渐尖，基部圆形或阔楔形，边缘具疏锯齿。聚伞花序组成的假圆锥花序生于2年生枝的叶腋内，无总梗。花淡黄绿色，4基数。雄花序具3～9朵花，花萼近杯状，花瓣卵状长圆形，不育子房近球形。雌花序具1～3朵花，花萼盘状，退化雄蕊长为花瓣的1/3。子房卵球形，柱头盘状，4裂。果球形，分核4个，具不规则皱纹，背面具明显的纵脊，内果皮骨质。

生态习性　生于海拔250～1500米的山坡常绿阔叶林、灌丛或竹林中。

保护级别　安徽省重点保护物种。

◎ 果期　赵凯
◎ 雄花　赵凯
◎ 果枝　赵凯

◎ 果　赵凯
◎ 花　赵凯

菊科　Asteraceae

苍术（cāngzhú）*Atractylodes lancea*

形态特征　多年生草本。根状茎平卧或斜升，粗长或通常呈疙瘩状，生多数等粗、等长或近等长的不定根。茎直立，下部或中部以下常呈紫红色，不分枝或上部分枝，但少有自下部分枝的，全部茎枝被稀疏的蛛丝状毛或无毛。茎叶3～5条羽状深裂或半裂。头状花序单生于茎枝顶端，总苞钟状，小花白色。瘦果倒卵圆状，被稠密的顺向贴伏的白色长直毛，有时变稀毛。冠毛、刚毛褐色或污白色。

生态习性　生于山坡草地、林下、灌丛及岩石缝隙中。

保护级别　安徽省重点保护物种。

五加科 Araliaceae

刺楸（cìqiū）*Kalopanax septemlobus*

形态特征 落叶乔木，高约10米，树皮暗灰棕色。小枝淡黄棕色或灰棕色，散生粗刺。刺基部宽阔扁平，在茁壮枝上的长达1厘米以上，宽1.5厘米以上。叶纸质，在长枝上互生，在短枝上簇生，圆形或近圆形，具5～7条掌状浅裂，裂不及全叶片的1/2。花序有花多数，花白色或淡绿黄色，萼无毛，边缘有5颗小齿。花瓣5片，三角状卵形。雄蕊5个。花盘隆起。花柱合生成柱状，柱头离生。果球形，蓝黑色。

生态习性 多生于阳光丰富的森林、灌木林中，湿润、腐殖质较多的密林中，以及向阳的山坡上，甚至在岩质山地上也能生长。

保护级别 安徽省重点保护物种。

◎ 果期　朱鑫鑫
◎ 花期　朱鑫鑫
◎ 树皮　赵凯

吴茱萸五加（wúzhūyú wǔjiā）*Gamblea ciliata* var. *evodiifolia*

形态特征 灌木或乔木，高2～12米。叶有3片小叶，在长枝上互生，在短枝上簇生。小叶片纸质至革质，中央小叶片椭圆形至长圆状倒披针形或卵形，两侧小叶片基部歪斜，较小。复伞形花序顶生。花瓣5片，长卵形，开花时反曲。雄蕊5个，子房2～4室，花盘略扁平。花柱2～4个，基部合生，中部以上离生，反曲。果实球形或略长圆形，黑色，有2～4条浅棱。

生态习性 生于海拔1000米以上的山坡、林缘处。

保护级别 IUCN红色名录易危（VU）级别。

◎ 果　赵凯
◎ 花　赵凯

◎ 花　赵凯
◎ 根　赵凯
◎ 果　赵凯

疙瘩七（gēdaqī）*Panax bipinnatifidus*

别　　名　竹节参。

形态特征　多年生草本，高达1米。根茎竹鞭状，肉质。掌状复叶3～5片轮生茎端。小叶5片，倒卵状椭圆形或长椭圆形，具锯齿或重锯齿，两面沿脉疏被刺毛。伞形花序单生茎顶，具50～80朵花。萼具5颗小齿，无毛。花瓣5片，长卵形。雄蕊5个，花丝较花瓣短。子房2～5室。花柱2～5个，连合至中部。果近球形，红色。种子2～5颗，白色，卵球形。

生态习性　生于海拔1000米以上的靠近山顶且光照较好的林下。

保护级别　国家二级重点保护物种；IUCN红色名录濒危（EN）级别。

伞形科 Apiaceae

红柴胡（hóngcháihú）

Bupleurum scorzonerifolium

形态特征 主根圆锥形，红褐色。根茎有毛刷状叶鞘状纤维。茎上部多分枝，高达60厘米，呈圆锥状之字形曲折。叶线形或线状披针形，基生叶下部缢缩成柄，基部稍抱茎。花序多分枝，圆锥花序疏散。伞幅3～8个，长1～2厘米，纤细，稍弧曲。伞形花序具6～15朵花，花瓣黄色。果宽椭圆形，深褐色，果棱淡褐色。每棱槽5～6个油管，合生面4～6个油管。

生态习性 生于干燥的草原、向阳山坡及灌木林缘处。

保护级别 安徽省重点保护物种。

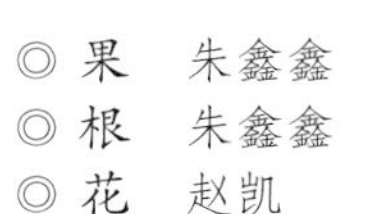

◎ 果　朱鑫鑫
◎ 根　朱鑫鑫
◎ 花　赵凯

◎ 花　赵凯
◎ 果　朱鑫鑫

五福花科　Adoxaceae

接骨木（jiēgǔmù）*Sambucus williamsii*

形态特征　落叶灌木或小乔木，高5～6米。老枝淡红褐色，具明显的长椭圆形皮孔，髓部淡褐色。羽状复叶有2～3对小叶，侧生小叶片卵圆形、狭椭圆形至倒矩圆状披针形，顶端尖、渐尖至尾尖，边缘具不整齐的锯齿。花与叶同出，圆锥形聚伞花序顶生，花小而密，花冠蕾时带粉红色，开后呈白色或淡黄色。果实红色，卵圆形或近圆形，分核2～3个，卵圆形至椭圆形，略有皱。

生态习性　生于海拔500米以上的山坡上、灌丛中、沟边及路旁。

保护级别　安徽省重点保护物种。

动物篇

小鲵科 Hynobiidae

商城肥鲵（shāngchéng féiní）*Pachyhynobius shangchengensis*

形态特征 体长20厘米左右，体型肥壮。头部扁平，头长大于头宽，吻钝圆。体背正中有1条纵沟，末端与尾背鳍褶相接。体侧各有13条肋沟，唇褶发达，颈褶明显。皮肤光滑。尾长短于头体长，尾部侧扁，尾基厚呈桨形，末端钝圆；尾背鳍高，起自泄殖孔后缘的背部。四肢短，指4个，趾5个，末端具角质鞘。雄性黄色，幼体黑色，体背、尾侧黑色至褐色，腹面浅色。

生态习性 栖息于海拔380米以上的底部多为砾石的山区流溪内，对水质要求较高。主要以水生昆虫及其幼虫、虾、小鱼和其他小动物为食。成鲵受惊后会迅速钻入石下或石缝中。

保护级别 IUCN红色名录易危（VU）级别。

◎ 亚成体　赵凯

◎ 成体　赵凯

隐鳃鲵科 Cryptobranchidae

大鲵（dàní）*Andrias davidianus*

◎ 成体 赵凯
◎ 亚成体 赵凯

别　　名 中国大鲵。

形态特征 体长45厘米以上。体扁，头宽扁，躯干扁平而粗壮，尾侧扁。头长宽约相等。吻长，稍凸出下颌，吻端钝圆。眼小，位于头的背面，无眼睑。尾长约为头体长的一半，尾背鳍褶高，尾基宽厚，尾梢末端具明显的腹鳍褶。四肢粗短，指4个，趾5个，外侧缘膜发达。皮肤较光滑，头部散布疣粒，体侧皮肤具褶明显，褶的上、下方有较大的疣粒排成2纵行。生活时，体色多为黑褐色至棕褐色，体背或有不规则深色花斑，腹面色浅，指、趾端棕黄色。

生态习性 栖息于水流较缓的流溪内，对水质要求较高。主要捕食螺类、昆虫、蚯蚓、蝌蚪、虾、卵、鱼等。

保护级别 国家二级重点保护物种；IUCN红色名录极危（CR）级别；CITES附录Ⅰ收录物种。

蝾螈科 Salamandridae

安徽疣螈（ānhuī yóuyuán）*Tylototriton anhuiensis*

形态特征 体长约7厘米。头部扁平，头顶略凹，头长略大于头宽。具“V”形脊。吻端钝圆，眼大而凸出。皮肤粗糙，周身布满疣粒和瘰粒，仅唇缘、四肢末端和尾腹缘皮肤较为光滑。体侧瘰粒较大，紧密排列，在肩部和尾基部间形成2纵列。腹面的疣粒较为扁平。通体黑色或黑褐色，腹部颜色略浅，仅趾指末端、泄殖腔皮肤和尾下缘皮肤为橘红色。

生态习性 栖息于海拔1000～1200米的山地森林中，常见于竹林、干枯的枝条和叶子下。白天基本不活动，晚上出来觅食，暴雨前较活跃，常以昆虫的幼虫为食，也吃蜘蛛和其他昆虫。

保护级别 国家二级重点保护物种；IUCN红色名录易危（VU）级别；CITES附录Ⅱ收录物种；鹞落坪为该种模式产地。

◎ 泄殖腔 赵凯
◎ 头部 赵凯
◎ 背部 赵凯

东方蝾螈（dōngfāng róngyuán）*Cynops orientalis*

◎ 侧面　赵凯
◎ 腹部　赵凯

形态特征　体长不超过9厘米。头扁平，躯干浑圆，尾部侧扁。头顶平坦，头长大于头宽。吻端圆。皮肤较光滑，体背面及两侧黑色显蜡样光泽，一般无斑纹。腹面橘红色或朱红色，其上有黑色斑点。尾腹鳍褶前部橘红色。体背面及体尾两侧布满小疣粒，体侧及腹面具横细沟纹，在浅色区可见黄色小腺体。颈侧耳后腺明显。

生态习性　栖息于海拔30～500米的山区中有水草的静水塘、泉水涵养区、稻田及其附近。以水中小型昆虫为食。

保护级别　IUCN红色名录近危（NT）级别。

蟾蜍科 Bufonidae

中华蟾蜍（zhōnghuá chánchú）*Bufo gargarizans*

形态特征 体长7～10厘米。皮肤粗糙，全身布满大小不等的圆形瘰疣，眼后方有圆形鼓膜，头顶两侧有大而长的耳后腺1个。躯体粗而宽，四肢粗壮，趾端无蹼。体背面多为橄榄黄色或灰棕色，有不规则深色斑纹，背脊有1条蓝灰色宽纵纹，其两侧有深棕黑色纹。腹面不光滑，乳黄色，有棕色或黑色的细花斑。

生态习性 栖息于河边、草丛、砖石孔等阴暗潮湿的地方。主要捕食各种昆虫。

保护级别 安徽省二级重点保护物种。

◎ 蝌蚪　赵凯
◎ 成体　赵凯

◎ 成体 赵凯

蛙科 Ranidae

黑斑侧褶蛙（hēibān cèzhěwā）*Pelophylax nigromaculatus*

形态特征 体长6～8厘米。背面皮肤较粗糙。生活时体背面颜色多样，有淡绿色、黄绿色、深绿色、灰褐色等，杂有许多大小不一的黑斑纹，多数个体自吻端至肛前缘有淡黄色或淡绿色脊线纹，背侧褶金黄色、浅棕色或黄绿色。侧褶细长，侧褶间有数行长短不一的肤褶。

生态习性 栖息于平原、丘陵及山区的水田、池塘、湖沼区。食性很广，主要捕食各种小昆虫，蛛形纲、寡毛纲、甲壳纲、腹足纲的小型动物也是其捕食对象。

保护级别 IUCN红色名录近危（NT）级别。

大别山林蛙（dàbiéshān línwā）*Rana dabieshanensis*

形态特征 体长5～7.5厘米。吻棱明显。鼓膜外黑色，鼓膜直径约等于眼直径。背部皮肤光滑，身体上有小疣粒在侧面和口角，大腿背面存在大量小疣粒，小腿和前肢存在较小的疣粒。眼后和颞前具三角形灰色斑块，咽喉、胸部、腹部表面光滑，具不规则黑点，背部颜色从金色到褐色不等。与中国林蛙的区别在于该种背侧褶笔直，从颞部直达胯部。

生态习性 栖息于山地林区，常活动于山区阴湿林间及林区附近的草丛中。主要捕食各种小昆虫，也捕食蚯蚓、蜘蛛等。

保护级别 无。鹞落坪为该种模式产地。

◎ 成体　赵凯

叉舌蛙科 Dicroglossidae

◎ 成体 赵凯

虎纹蛙（hǔwénwā）*Hoplobatrachus chinensis*

形态特征 体长7～8厘米。体背面粗糙，背部有长短不一、多断续排列成纵行的肤棱，其间散有小疣粒，胫部纵行肤棱明显，背面多为黄绿色或灰棕色，散有不规则深绿褐色斑纹。四肢横纹明显，体和四肢腹面肉色，咽、胸部有棕色斑点，胸后部和腹部略带浅蓝色，有斑或无斑。

生态习性 栖息于山区、平原、丘陵地带的稻田、鱼塘、水坑和沟渠内。主要捕食各种昆虫，也捕食蝌蚪、小蛙及小鱼等。夜行性。跳跃能力很强，稍有响动迅速跳入深水中。

保护级别 国家二级重点保护物种；IUCN红色名录濒危（EN）级别。

◎ 成体　赵凯

叶氏隆肛蛙（yèshì lónggāngwā）*Quasipaa yei*

别　　名　叶氏肛刺蛙。

形态特征　体长6～8厘米。背部较大且粗糙，并布满疣粒，背面颜色多为黄绿色或褐色，两眼间有1个小白点。四肢腹面橘黄色，有褐色斑点。雌雄蛙体腹面均光滑，雄蛙肛部有明显的囊泡状隆起，肛孔下方有2个大的白色球形隆起，每个隆起部分均有多根锥状黑刺，雌蛙肛孔上方有1个大囊泡。

生态习性　栖息于大别山区海拔300米以上的溪流中。主要捕食各种小昆虫。夜行性。

保护级别　国家二级重点保护物种；IUCN红色名录易危（VU）级别。

鳖科　Trionychidae

中华鳖（zhōnghuábiē）*Trionyx sinensis*

形态特征　体躯扁平，呈椭圆形，背腹具甲。通体被柔软的革质皮肤，无角质盾片。体色基本一致，无鲜明的淡色斑点。头部粗大，前端略呈三角形。吻端延长呈管状，具长的肉质吻突，约与眼径等长。

生态习性　水栖，栖息于河流、湖泊中。主要捕食鱼、虾等。昼夜均活动。无毒。

保护级别　IUCN红色名录濒危（EN）级别。

◎ 成体　赵凯

地龟科 Geoemydidae

◎ 成体　赵凯

乌龟（wūguī）*Mauremys reevesii*

形态特征 头顶前部光滑，后部覆以不规则细鳞。棕色背甲上有3条纵棱。腹甲棕黄色，每一盾片均具黑褐色大斑块。

生态习性 半水栖，一般栖息于海拔600米以下的低山、丘陵、平原和圩区，每天在陆地和水中的活动时间约各占一半，常在潮湿的沙滩或水源附近草丛中活动。杂食，捕食小鱼虾、蠕虫、螺类等，也食植物种子和稻谷。昼夜均活动。无毒。

保护级别 国家二级重点保护物种；IUCN红色名录濒危（EN）级别；CITES附录Ⅲ收录物种。

蝰科 Viperidae

短尾蝮（duǎnwěifù）*Gloydius brevicaudus*

形态特征 头部呈三角形，具颊窝。眼后有1条宽大的黑褐色眉纹，在其上缘镶以白色细纹。背面黄褐色、红褐色或灰褐色，左右两侧各有1行外缘较深的大圆斑，圆斑并排或交错排列，有些地区的个体背脊中央有1条棕红色纵线。

生态习性 栖息于平原、丘陵地区的草丛中。主要捕食鱼类、蛙类、蜥蜴、小型哺乳动物，幼蛇还会捕食小型无脊椎动物。昼夜活动。剧毒。

保护级别 IUCN红色名录近危（NT）级别。

◎ 成体　赵凯

◎ 成体　韩德民

大别山原矛头蝮（dàbiéshān yuánmáotóufù）

Protobothrops dabieshanensis

形态特征　头大，呈三角形，与颈区分明显，具颊窝。头背有1块模糊的“A”形浅色斑，眼后有1条较细的褐色眉纹。幼体背面灰白色或浅黄褐色，随着年龄的增长，体色逐渐加深转为黄褐色。体背面具两两相对或相错排列的黑褐色三角斑，三角斑有时相互连接呈锁链状纹路，尾末端呈黄色或红棕色。

生态习性　栖息于山区、丘陵等多草木之处。剧毒。

保护级别　安徽省一级重点保护物种；IUCN红色名录近危（NT）级别；鹞落坪为该种模式产地。

◎ 成体　张亮

原矛头蝮（yuánmáotóufù）*Protobothrops mucrosquamatus*

形态特征　头大，呈三角形，与颈区分明显，具颊窝。头背黄褐色无特殊斑纹，眼后有1条褐色细眉纹。背面黄褐色或褐色，背脊中央有1列镶浅黄色边的紫褐色斑，色斑有时连接为锁链状，身体两侧亦各有1列较小的色斑。腹面污白色，杂以浅褐色斑点。

生态习性　栖息于山区、丘陵等多草木之处。主要捕食小型哺乳动物、鸟类、蜥蜴、蛙类等。夜间活动。剧毒。

保护级别　安徽省一级重点保护物种。

游蛇科 Colubridae

◎ 成体 赵凯

黑眉锦蛇（hēiméi jǐnshé）*Elaphe taeniura*

别　　名 黑眉晨蛇、黑眉曙蛇。

形态特征 眼后有1条明显的黑色斑纹延伸至颈部，状如黑眉，所以有“黑眉锦蛇”之称。背面棕灰色或土黄色（地域不同颜色也不同），从体中段开始两侧有明显的黑色纵带直至末端，体后具4条黑色纹延至尾梢。腹部灰白色。

生态习性 陆栖，栖息于灌丛和树林中。主要捕食鸟类、鼠类、蝙蝠、蜥蜴。日行性。无毒。

保护级别 安徽省二级重点保护物种；IUCN红色名录易危（VU）级别。

王锦蛇（wángjǐnshé）*Elaphe carinata*

形态特征 体粗大，背鳞鳞缘黑色，中央黄色。腹面黄色，具黑色斑。头背面有似“王”字样的黑纹，故名“王锦蛇”。身体前段具黄色横斜纹，后段横斜纹消失。

生态习性 栖息于山地、丘陵地区的杂草荒地，在平原地区也有分布。以蛙类、蜥蜴、蛇类、鸟类、鼠类、和鸟卵为食，食性广，且贪食。行动迅速且凶猛，善爬树。无毒。

保护级别 安徽省二级重点保护物种；IUCN红色名录易危（VU）级别。

◎ 幼体　黄松
◎ 成体　赵凯

乌梢蛇（wūshāoshé）*Zoacys dhumnades*

形态特征 幼年时背面黄绿色，身体两侧各有2条黑色纵线从颈后一直延伸到尾末端。随着年龄的增长，体色愈发暗淡，转为黄褐色或灰褐色，有些个体甚至变为纯黑色，身体前半部黑色纵线仍清晰可见，后半部深黑色纵线变得模糊不清甚至消失。腹面前段白色或黄色，后段颜色逐渐加深至浅黑褐色。

生态习性 栖息于山林、平原、丘陵等地带。主要捕食蛙类、小型哺乳动物等。日行性。无毒。

保护级别 安徽省二级重点保护物种；IUCN红色名录易危（VU）级别。

◎ 幼体　张亮
◎ 成体　张亮

水游蛇科 Natricidae

赤链华游蛇（chìliàn huáyóushé）*Sinonatrix annularis*

◎ 成体 赵凯

形态特征 头背灰黑色（偶见棕色），上唇鳞白色，头颈部有1块黑斑，黑斑后缘有1条细白横斑，颈部后段常有1条黑色细纵纹。体背棕褐色，腹部白色，具腹链纹。

生态习性 栖息于山区、丘陵的水田、池塘或溪流沟渠附近。常在水中活动，受惊时潜入水底。主要捕食蜥蜴，偶尔捕食蛇、蛙。无毒。

保护级别 IUCN红色名录易危（VU）级别。

◎ 成体　赵凯

雉科　Phasianidae

灰胸竹鸡（huīxiōng zhújī）*Bambusicola thoracica*

形态特征　体长27～35厘米。额、眉纹和上胸蓝灰色。颊、耳羽、颈侧栗红色。下体胸以下棕黄色，具黑褐色点斑。成鸟额、眉纹、颈项蓝灰色。颊、耳羽、颈侧栗红色。上背灰褐色，散有栗红色块斑和白色点斑。腰、尾上覆羽橄榄褐色。中央尾羽红棕色密布褐色斑纹。下体颏、喉至胸栗红色。前胸蓝灰色，胸以下棕黄色。两胁具黑褐色块斑。雄雌同色，雄鸟跗蹠部有距。虹膜红褐色。嘴黑褐色。跗蹠绿灰色。

生态习性　栖息于山区、丘陵的灌木、杂草及竹林丛生处。杂食，以植物性食物为主。喜结小群，夜间宿于竹林或杉树上。留鸟。

保护级别　安徽省二级重点保护物种。

勺鸡（sháojī）*Pucrasia macrolopha joretiana*

形态特征 体长46～53厘米。雄鸟头侧暗灰绿色，头顶具较长的黑色冠羽，颈侧具白色块斑。上体体羽灰白色，具“V”形黑色条纹，状若柳叶。下体胸腹栗色。雌鸟眉纹棕白色而杂以黑色点斑，颈侧具棕白色块斑。上体多棕褐色，密布黑褐色细纹。下体颏、喉棕白色，两侧具黑色髭纹，于颈基部呈三角形块斑。下体多栗黄色，且具黑色条纹。尾下覆羽栗红色，且具白色端斑。

生态习性 栖息于海拔500米以上的林地。喜在开阔的多岩林地、灌丛中单独或成对活动。留鸟。

保护级别 国家二级重点保护物种。

◎ 雌鸟　夏家振
◎ 雄鸟　赵凯

白冠长尾雉（báiguān chángwěizhì）*Syrmaticus reevesii*

形态特征 大型陆禽，体长66～160厘米。头顶和上颈白色，中间为1条较宽的黑色环带。眼下具大块白斑。上体金黄色，具黑色羽缘。尾羽中间白色，具金黄色的羽缘和棕色、黑色横纹，中央2对尾羽特别长。

生态习性 栖息于山地阔叶林、针阔叶混交林中。单独或成小群活动。杂食性。主要以植物性食物为食。性机警而胆怯，善于奔跑和短距离飞翔。留鸟。

保护级别 国家一级重点保护物种；IUCN红色名录濒危（EN）级别；CITES附录Ⅱ收录物种。

◎ 雄鸟 胡云程
◎ 雌鸟 董文晓

◎ 雌鸟　赵凯
◎ 雄鸟　赵凯

环颈雉（huánjǐngzhì）*Phasianus colchicus torquatus*

别　　名　雉鸡。

形态特征　体长50～90厘米。雄鸟具白色眉纹，头顶灰褐色。眼周裸皮猩红色，眼后上方有一根黑色短冠羽。颈暗蓝色具紫色、绿色光泽，颈基具白色领环。尾羽延长，尾羽灰黄色具黑色横纹。雌鸟眼下具白色斑纹。头、颈棕褐色，杂以黑褐色斑纹。上体多黑褐色，杂以黄褐色斑。尾羽短，具黑褐色横纹。下体灰黄。

生态习性　栖息于低山、丘陵及平原地区的灌丛、竹丛或草丛中。杂食性。主要以植物种子、浆果和昆虫为食。多对或成小群活动，善于地面疾走。留鸟。

保护级别　安徽省二级重点保护物种。

鸠鸽科 Columbidae

◎ 成鸟　赵凯

山斑鸠（shānbānjiū）*Streptopelia orientalis*

形态特征　体长31～35厘米。成鸟颈侧具黑色和蓝灰色相间的斜行条纹，上体具扇贝形斑纹，头及下体葡萄红色。雌雄相似，且幼鸟似成鸟，但颈侧斑纹不明显。虹膜橙红色。嘴铅蓝色。胫被羽，跗蹠及趾红色。

生态习性　栖息于各种有林区域。于地面取食，主要以植物种子、昆虫等为食。留鸟。

保护级别　安徽省二级重点保护物种。

珠颈斑鸠（zhūjǐng bānjiū）*Streptopelia chinensis*

形态特征 体长27～32厘米。成鸟颈基部具较宽的由黑白相间的点斑构成的半领环，头顶蓝灰色，下体葡萄红色，上体灰褐色具浅褐色羽缘。雌雄相似。幼鸟颈基部黑白相间的珍珠斑不明显。虹膜黄色。嘴黑色。跗蹠及趾红色。

生态习性 栖息于各种有林区域。于地面取食，主要以植物种子、昆虫等为食。常成小群活动。留鸟。

保护级别 安徽省二级重点保护物种。

◎ 亚成鸟 赵凯
◎ 成鸟 赵凯

夜鹰科 Caprimulgidae

普通夜鹰（pǔtōng yèyīng）*Caprimulgus indicus*

形态特征 体长 35～45厘米。雌雄羽色相似。成鸟头、羽冠及后颈黑色具金属光泽，后颈基部白色形成半颈环。上体黑色具蓝绿色金属光泽，两翼栗红色，飞羽端部褐色。尾凸形，黑色且具蓝灰色光泽。颏、喉橙色。胸腹部灰白色。尾下覆羽黑色，翼下覆羽橙色。虹膜红褐色。嘴黑色弓形。跗蹠及趾近黑色。

生态习性 栖息于山地、丘陵及平原地区的林缘开阔地带。主要以白蚁、鳞翅目昆虫及其幼虫为食。多单独活动。叫声响亮尖利，为重复的6个音节，类似冲锋枪的声音。繁殖期营巢于多砂石的草坪或石块上。夏候鸟。

保护级别 安徽省一级重点保护物种。

◎ 幼鸟 赵凯
◎ 成鸟 董文晓

◎ 雄鸟　赵凯
◎ 雌鸟　胡云程

杜鹃科　Cuculidae

噪鹃（zàojuān）*Eudynamys scolopaceus*

形态特征　体长37～43厘米。雄鸟通体黑色，雌鸟黑色，具白色点斑或斑纹。虹膜红色。嘴浅黄色。跗蹠及趾浅灰绿色。亚成鸟通体黑色，雄鸟具稀疏的白色斑纹，雌鸟具体羽斑纹或皮黄色点斑。

生态习性　栖息于山地、丘陵地区稠密的阔叶乔木上。主要以植物果实为食，兼吃昆虫。多单独活动。常隐蔽于树冠茂密的枝叶丛中鸣叫，叫声为重复的2个音节，音调和音速渐增。巢寄生。夏候鸟。

保护级别　安徽省一级重点保护物种。

◎ 成鸟　夏家振

鹰鹃（yīngjuān）*Cuculus sparverioides*

形态特征　体长38～40厘米。雌雄羽色相似。成鸟头颈暗石板灰色，上体及翼上覆羽暗褐色。飞羽黑褐色具皮黄色点斑，尾灰褐色具较宽的黑色次端斑。下体白色，喉至上胸具棕褐色纵纹，下胸至上腹具褐色横斑。幼鸟上体暗褐色，具棕色羽缘。下体具黑褐色纵纹或点斑。眼圈黄色，虹膜黄色。嘴黑色。跗蹠及趾黄色。

生态习性　栖息于山地、丘陵地区的阔叶林中，喜开阔林地。主要以昆虫及其幼虫为食。多单独活动。常隐蔽于茂密的大树上层鸣叫，叫声清脆，为重复的3音节，音调逐渐增强。繁殖期为4～7月，卵寄生于喜鹊等其他雀形目鸟类的巢中。夏候鸟。

保护级别　安徽省一级重点保护物种。

◎ 成鸟　董文晓

小杜鹃（xiǎo dùjuān）*Cuculus poliocephalus*

形态特征　体长 20～28厘米。体羽似大杜鹃。尾羽黑灰色，无横纹，但两侧具白色点斑。下体具较宽的黑色横纹。眼圈黄色，虹膜暗红褐色。上嘴黑色，下嘴基部黄色，端部黑色。跗蹠及趾黄色。

生态习性　栖息于山地、丘陵地区的次生林和林缘地带。主要以昆虫及其幼虫为食。成对或单独活动。常隐藏在枝叶茂密的乔木上鸣叫，鸣声为5个音节的急促哨音，谐音为“点灯捉蛇蚤”或“阴天打酒喝”。无固定的栖居地。繁殖期为5～7月，卵寄生于雀形目莺科、画眉科鸟类的巢中，义亲育雏。夏候鸟。

保护级别　安徽省一级重点保护物种。

四声杜鹃（sìshēng dùjuān）*Cuculus micropterus*

形态特征 体长35～38厘米。上体暗褐色，尾具宽阔的黑色次端斑和狭窄的白色端斑，喉和上胸浅灰色，下胸和腹白色，具较宽的黑色横斑。雌雄相似。虹膜暗红褐色，眼圈黄色。上嘴黑色，下嘴基部黄色。跗蹠及趾黄色。

生态习性 栖息于山地、丘陵或平原森林及次生林的上层。主要以昆虫及其幼虫为食。性懦怯，多隐伏在树冠的叶丛中。叫声舒缓，为重复的4个音节。巢寄生。夏候鸟。

保护级别 安徽省一级重点保护物种。

◎ 成鸟 夏家振

中杜鹃（zhōng dùjuān）*Cuculus saturatus*

形态特征 体长32～34厘米。似大杜鹃，但本种翼下覆羽斑纹少且不清晰。翅缘白色，无斑纹。下体横斑较大杜鹃更宽。棕色型雌鸟上体红褐色，腰部具黑褐色横斑。眼圈黄色，虹膜黄褐色。嘴黑褐色，基部黄色。跗蹠及趾橘黄色。

生态习性 栖息于山地针叶林、针阔叶混交林、阔叶林等茂密的森林中。主要以昆虫及其幼虫为食。叫声为4或5个连续的爆破音。繁殖期为5～7月，卵寄生于雀形目鸟类的巢中。夏候鸟。

保护级别 安徽省一级重点保护物种。

◎ 成鸟 袁晓

◎ 成鸟　赵凯

大杜鹃（dà dùjuān）*Cuculus canorus bakeri*

形态特征　体长30～34厘米。成鸟头顶、后颈及上体暗灰色。尾羽黑色，两侧具近乎对称的白色点斑。头侧、颈侧及下体的颏、喉至上胸浅灰色，下体余部白色，具黑褐色细横纹。幼鸟枕部具白色块斑。肩羽和翼上覆羽暗褐色，杂以红褐色斑纹和白色羽缘。虹膜及眼圈黄色。上嘴黑褐色，下喙黄色。跗蹠及趾黄色。

生态习性　栖息于山地、丘陵及平原地区的开阔有林地带，尤其喜欢近水林地。主要以昆虫及其幼虫为食。多单独活动，偶尔停歇在电线杆或树冠上。喜欢晨间在树丛中鸣叫，叫声为重复的2个音节。巢寄生。夏候鸟。

保护级别　安徽省一级重点保护物种。

鹰科 Accipitridae

黑冠鹃隼（hēiguān juānsǔn）*Aviceda leuphotes*

形态特征 体长26～31厘米。雌雄羽色相似。成鸟头及上体黑色，具蓝灰色金属光泽。头后部具竖立的冠羽，肩羽和飞羽缀有锈红色和白色斑块。上胸具白色大斑块，下胸至上腹具白色和暗栗色相间的横纹。下体余部、腋羽和翼下覆羽黑色。虹膜红色。蜡膜灰色。嘴角质色。跗蹠及趾铅灰色。

◎ 成鸟　胡云程

生态习性 栖息于山地森林、低山丘陵，尤喜溪边及林间空地。主要以蜥蜴、鼠类等小型脊椎动物为食。成对或成小群活动。繁殖期为4～7月，营巢于溪流附近高大的乔木上。夏候鸟。

保护级别 国家二级重点保护物种；CITES附录Ⅱ收录物种。

金雕（jīndiāo）*Aquila chrysaetos*

◎ 成鸟　董文晓
◎ 飞行　董文晓

形态特征　体长75～90厘米。雌雄羽色相似。成鸟头顶后部至后颈赤褐色，体羽多黑褐色。尾羽基部灰褐色，端部黑褐色。尾下覆羽和腿覆羽赤褐色。亚成鸟尾羽基部、翼下初级飞羽基部白色。虹膜黄色。蜡膜黄色。嘴黑色。跗蹠被羽，趾黄色，爪黑色。

生态习性　栖息于山地针叶林、针阔混交林及林间开阔地带。主要以大型鸟类和兽类为食。多单独活动。留鸟。

保护级别　国家一级重点保护物种；IUCN红色名录易危（VU）级别；CITES附录Ⅱ收录物种。

白腹隼雕（báifù sǔndiāo）*Hieraaetus fasciatus*

形态特征 体长67～70厘米。雌雄羽色相似。成鸟头及上体暗褐色。飞羽黑褐色，尾羽灰褐色具黑色细横纹和端斑。下体白色具黑色纵纹，翼下覆羽黑褐色。虹膜黄色。蜡膜黄色。嘴黑色。跗蹠被羽，趾黄色，爪黑色。幼鸟上体及翼上覆羽土黄色，飞羽黑褐色。下体及翼下覆羽黄褐色，具黑褐色纵纹。虹膜棕褐色。

生态习性 栖息于山地、丘陵富有灌丛的荒山及河谷边的岩石地带，冬季见于山脚平原近水源区域。主要以鸟类和小型哺乳动物为食。成对或单独活动。繁殖期为3～5月，营巢于高大乔木或峭壁上。留鸟。

保护级别 国家二级重点保护物种；IUCN红色名录易危（VU）级别；CITES附录Ⅱ收录物种。

◎ 亚成鸟　赵凯
◎ 成鸟　赵凯

凤头鹰（fèngtóuyīng）*Accipiter trivirgatus*

形态特征 体长36～50厘米。成鸟具翼指6根，具明显的喉中线。头黑褐色，上体暗褐色。下体白色，胸具褐色纵纹，腹及两胁具褐色横纹。尾具黑褐色宽横纹，尾下覆羽白色蓬松。幼鸟上体暗褐色，具皮黄色羽缘。下体皮黄色，喉中央具黑色纵纹，胸、腹具黑色点状斑纹。

生态习性 栖息于山地森林、山脚林缘地带，偶见于平原地区的岗地。主要以蛙、蜥蜴、鼠等小型脊椎动物为食。留鸟。

保护级别 国家二级重点保护物种；IUCN红色名录近危（NT）级别；CITES附录Ⅱ收录物种。

◎ 飞行　赵凯
◎ 成鸟　赵凯

◎ 雄鸟　汪湜
◎ 雌鸟　赵凯

赤腹鹰（chìfùyīng）*Accipiter soloensis*

形态特征　体长26～31厘米。成鸟具翼指4根，蜡膜凸出，橙红色。头及上体蓝灰色，初级飞羽黑褐色。下体棕色（雌）或棕白色（雄）。幼鸟头及上体暗褐色。下体白色，喉具中央纵纹，胸具棕褐色纵纹，两胁为横斑。

生态习性　栖息于山地森林、低山丘陵和山麓平原的林缘、开阔地带。主要以蛙、蜥蜴、鼠等小型脊椎动物为食。常单独或成小群活动，休息时多停歇在树顶或电线杆上。夏候鸟。

保护级别　国家二级重点保护物种；CITES附录Ⅱ收录物种。

松雀鹰（sōngquèyīng）*Accipiter virgatus*

形态特征 体长30～36厘米。成鸟具翼指5根，具显著的喉中央纵纹。上体黑灰色。下体白色，胸具黑褐色纵纹，腹以下具棕褐色横纹。幼鸟胸具水滴状纵纹，腹部纵纹呈心形，两胁为横纹。雌雄相似。

生态习性 栖息于山地针叶林、阔叶林及针阔混交林中。主要以小型脊椎动物为食。属典型的森林猛禽。留鸟。

保护级别 国家二级重点保护物种；CITES附录Ⅱ收录物种。

◎ 飞行　胡云程
◎ 亚成鸟　赵凯

雀鹰（quèyīng）*Accipiter nisus*

形态特征 体长31～40厘米。成鸟具翼指6根，喉具褐色细纹。雄鸟头及上体暗灰色，上体具黑褐色羽干纹，颊部红棕色。下体白色，密布红棕色横纹。雌鸟具白色眉纹，头及上体灰褐色。下体白色，具较宽的褐色横斑和较细的羽干纹，尾下覆羽纯白色。幼鸟上体灰褐色，具浅黄褐色羽缘。下体白色，具矢状横斑和羽干纹。虹膜黄色。蜡膜黄色。嘴黑色。跗蹠及趾黄色。

生态习性 栖息于低山丘陵、山脚平原、农田及村落附近。主要以鼠类、鸟类等小型脊椎动物为食。多单独活动。冬候鸟。

保护级别 国家二级重点保护物种；CITES附录Ⅱ收录物种。

◎ 雄鸟　赵凯
◎ 雌鸟　赵凯

◎ 成鸟　赵凯

黑鸢（hēiyuān）*Milvus migrans*

形态特征　体长55～67厘米。成鸟尾呈浅叉状，耳羽黑褐色。初级飞羽黑褐色，基部白色明显。虹膜褐色。蜡膜浅黄色。嘴黑色。跗蹠及趾黄色，爪黑色。头顶至后颈棕褐色，上体暗褐色，各羽多具黑褐色羽干纹。飞羽、大覆羽黑褐色，中覆羽和小覆羽浅褐色。初级飞羽基部近白色，飞翔时可见浅色腕斑。下体颏、喉和颊污白色，余部暗棕色，具明显的羽干纹。幼鸟头、颈多棕白色。翅上覆羽具白色端斑。胸、腹具较宽的棕白色纵纹。

生态习性　栖息于开阔平原、低山丘陵等地带。主要以鼠、蛇、蛙、鱼、野兔、蜥蜴等小型脊椎动物为食，常在空中长时间盘旋搜寻猎物。冬候鸟，少数留鸟。

保护级别　国家二级重点保护物种；CITES附录Ⅱ收录物种。

灰脸鵟鹰（huīliǎn kuángyīng）*Butastur indicus*

形态特征　体长40～42厘米。雌雄羽色相似。成鸟头侧黑灰色，具白色眉纹。上体及翼上覆羽暗棕色，两翅狭长，收拢时达尾端。尾灰褐色，具3条深色横纹。喉白色，具黑褐色中央纵纹。胸部棕褐色，胸以下白色具棕褐色横纹。尾下覆羽白色。幼鸟上体褐色，具棕白色羽缘。喉白色，具黑褐色中央纵纹。下体皮黄色，胸部具黑褐色纵纹，两胁具横纹。虹膜黄色。蜡膜黄色。嘴黑色。跗蹠及趾黄色。

生态习性　栖息于山地、丘陵地区的林缘地带。主要以小鸟、蛇、蜥蜴、蛙等小型脊椎动物为食。平时多单独活动，迁徙季节集群。旅鸟。

保护级别　国家二级重点保护物种；IUCN红色名录近危（NT）级别；CITES附录Ⅱ收录物种。

◎ 亚成鸟　董文晓
◎ 成鸟　胡云程

普通鵟（pǔtōngkuáng）*Buteo buteo*

形态特征 中等猛禽，体长48～53厘米。鼻孔几与嘴裂平行。翼下飞羽基部白色，端部黑褐色，腕斑黑褐色。尾扇形，灰褐色而具黑褐色横纹。体色变化较大，有多种色型。头及上体通常黑褐色或褐色沾棕，翼上覆羽具浅色羽缘。尾羽扇形，灰褐色，具数条黑褐色横斑。翼下飞羽端部黑褐色，最外侧5根黑色初级飞羽较长。

生态习性 栖息于低山、丘陵地区的林缘地带。主要以鼠、蛇、蜥蜴、蛙等小型脊椎动物为食。多单独活动。冬候鸟。

保护级别 国家二级重点保护物种；CITES附录Ⅱ收录物种。

◎ 成鸟　赵凯
◎ 飞行　赵凯

◎ 幼鸟　赵凯
◎ 成鸟　赵凯

鸱鸮科　Strigidae

北领角鸮（běi lǐngjiǎoxiāo）*Otus semitorques*

形态特征　体长23～25厘米。似领角鸮，区别在于该种虹膜棕灰色。

生态习性　栖息于山地、丘陵及平原地区的阔叶林和混交林中。主要以鼠类、小型鸟类和大型昆虫为食。多单独活动。冬季常在公园和花园出没。夜行性。留鸟。

保护级别　国家二级重点保护物种；CITES附录Ⅱ收录物种。

红角鸮（hóngjiǎoxiāo）*Otus sunia*

◎ 成鸟　陈军

形态特征　体长17～20厘米。虹膜亮黄色。本种有灰色和棕色2种型。灰色型成鸟面盘灰褐色，杂以黑褐色细纹。眼先灰白色，耳簇羽发达。上体褐色沾棕，具黑色羽干纹。外侧肩羽具棕白色纵行斑纹。飞羽黑褐色，具棕白色块状斑纹。下体灰色，具黑褐色纵纹和暗褐色细横斑。棕色型成鸟似灰色型，但灰褐色代之以浅红褐色。嘴黑色。跗蹠被羽，趾角质色。

生态习性　栖息于山地、丘陵及平原地区的林间。主要以昆虫、鼠类及小型鸟类为食。多单独活动。叫声为3个或4个音节，重音在后面2个音节。繁殖期为5～7月，营巢于树洞中。夜行性。夏候鸟。

保护级别　国家二级重点保护物种；CITES附录Ⅱ收录物种。

斑头鸺鹠（bāntóu xiūliú）*Glaucidium cuculoides*

◎ 成鸟 赵凯

形态特征 体长20～26厘米。雌雄羽色相似。成鸟头及上体棕褐色，具浅黄褐色横纹。肩羽和大覆羽具大型白斑，飞羽黑褐色具棕白色三角形斑，尾羽黑褐色具数条白色横纹。下体颏、喉白色。体侧暗褐色，具浅黄褐色横纹。胸、腹中央白色具褐色纵纹。尾下覆羽纯白。幼鸟头具黄白色点斑而非横纹。虹膜黄色。嘴黄绿色。跗蹠被羽，趾绿黄色。

生态习性 栖息于山地、丘陵地区的林地或林缘灌丛中。主要以昆虫及鼠、蛙、蛇、蜥蜴等动物为食。多单独白天活动。叫声与其他鸮类不同，为快节奏的连续颤音。繁殖期为3～5月，营巢于树洞。留鸟。

保护级别 国家二级重点保护物种；CITES附录Ⅱ收录物种。

翠鸟科 Alcedinidae

白胸翡翠（báixiōng fěicuì）*Halcyon smyrnensis*

◎ 亚成鸟　赵凯
◎ 成鸟　赵凯

形态特征　体长26～30厘米。雌雄羽色相似。成鸟嘴红色粗大，头、后颈至上背前缘深栗色，上体余部及尾羽青蓝色。小覆羽栗色，中覆羽黑色。初级飞羽基部具大型白斑，两翼余部与背同色。喉至胸中央白色，下体余部及翼下覆羽栗色。虹膜黄褐色。跗蹠及趾红色。幼鸟嘴黑褐色，胸白色具暗褐色斑纹。

生态习性　栖息于山地、丘陵地区的近水林缘地带。主要以鱼、虾、蟹、昆虫等动物为食。单独或成对活动，常停歇在电线杆、树杈等视野开阔处。繁殖期为4～6月，营巢于洞穴。留鸟。

保护级别　国家二级重点保护物种。

蓝翡翠（lánfěicuì）*Halcyon pileata*

形态特征 体长25～31厘米。雄鸟嘴红色粗大，头黑色，后颈具较宽的白色领环。上体钴蓝色，内侧翼覆羽黑色。初级飞羽具大型白斑，两翼余部外羽与背同色，内翈黑色。喉至胸中央白色，下体余部及翼下覆羽棕色。雌鸟似雄鸟，但后颈和上胸白色沾棕。虹膜深褐色。跗蹠及趾红色。幼鸟胸具暗褐色横纹。

生态习性 栖息于山地、丘陵及平原地区的溪流、库塘等水域附近。主要以蛙、鱼等水生动物及昆虫为食。单独或成对活动，常停歇在水域附近的电线杆上或较为稀疏的树枝上。繁殖期为5～7月，常于崖壁上掘洞营巢。夏候鸟。

保护级别 安徽省一级重点保护物种。

◎ 成鸟　胡云程

◎ 雌鸟　赵凯
◎ 雄鸟　赵凯

普通翠鸟（pǔtōng cuìniǎo）*Alcedo atthis*

形态特征　小型攀禽，体长16～18厘米。成鸟嘴长且直，耳羽橘红色，颈侧具白色斑块。头及上体蓝绿色且密布斑纹。颏喉白色，下体余部棕栗色。雌雄相似，雌鸟下嘴橘红色。幼鸟体色黯淡，具深色胸带。虹膜暗褐色。嘴黑色，下嘴橘红色（雌）。跗蹠及趾红色。

生态习性　栖息于湖泊、河流、山溪、库塘等湿地附近。主要捕食鱼、虾。多单独活动，常蹲守在水域附近的岩石或枝头上。留鸟。

保护级别　安徽省二级重点保护物种。

◎ 雌鸟 赵凯
◎ 雄鸟 赵凯

冠鱼狗（guànyúgǒu）*Megaceryle lugubris*

形态特征 体长37～43厘米。雄鸟头、颈黑色杂以白色细纹，头顶具发达的冠羽。上体及两翼黑色，密布白斑。下体白色，胸具较宽的黑色带纹且沾染棕褐色。体侧具黑褐色横斑，腋羽和翼下覆羽白色。雌鸟似雄鸟，但胸部斑纹无棕褐色沾染，腋羽和翼下覆羽棕黄色。幼鸟头及上体灰褐色。虹膜褐色。嘴粗大黑色。跗蹠及趾黑色。

生态习性 栖息于山地林间的溪流附近。主要以鱼、虾等水生动物为食。常蹲守在岸边的树枝、石头上，伺机捕获猎物。常沿溪流飞行，并发出尖厉刺耳的叫声。繁殖期为4～6月，于溪流沿岸掘洞营巢。留鸟。

保护级别 安徽省二级重点保护物种；IUCN红色名录近危（NT）级别。

啄木鸟科 Picidae

◎ 成鸟　赵凯

斑姬啄木鸟（bānjī zhuómùniǎo）*Picumnus innominatus*

形态特征　体长9～11厘米。成鸟眉纹和颊纹白色，贯眼纹和耳羽褐色。头顶、后颈纯栗色。上体橄榄绿色。外侧飞羽暗褐色，两翼余部与背同色。尾羽黑色，中央1对尾羽具白色带纹，外侧3对尾羽具白色次端斑。下体白色，胸侧具黑色圆斑，两肋具黑色横纹。雌雄羽色相近，但雄鸟前额具橘红色点斑。虹膜红色。嘴锥形，黑色。跗蹠及趾黑褐色。

生态习性　栖息于山地、丘陵及平原地区的岗地森林或竹林中。主要以蚂蚁、甲虫等为食。常单独活动。繁殖期为4～6月，营巢于树洞。留鸟。

保护级别　安徽省一级重点保护物种。

星头啄木鸟（xīngtóu zhuómùniǎo）*Picoides canicapillus*

形态特征 体长14～16厘米。成鸟嘴短强直如凿。眉纹白色较宽。上体多黑色且具白色斑纹，下体污白色且具黑褐色纵纹。雌雄相近，雄鸟头侧具1个红色点斑，但雌鸟无。虹膜红褐色。嘴铅灰色。跗蹠及趾灰褐色。

生态习性 栖息于山地、丘陵、平原地区的各种林间。主要以鞘翅目和鳞翅目昆虫为食。多单独或成对活动，呈波浪状飞行。留鸟。

保护级别 安徽省一级重点保护物种。

◎ 雄鸟　赵凯
◎ 雌鸟　赵凯

大斑啄木鸟（dàbān zhuómùniǎo）*Picoides major*

形态特征 体长22～25厘米。雄鸟头及上体黑色，后颈具红色块斑。嘴强直如凿，舌细长，先端并列生短钩。颈侧白色具“T”形黑斑，肩羽白色，飞羽具白色点斑。下体棕白色，尾下覆羽红色。雌鸟似雄鸟，但后颈无红色块斑。幼鸟头顶暗红色。

生态习性 栖息于山地、丘陵及平原地区的阔叶林和混交林中。主要以昆虫为主食，冬季兼食部分植物种子。留鸟。

保护级别 安徽省一级重点保护物种。

◎ 成鸟　赵凯

灰头绿啄木鸟（huītóu lǜzhuómùniǎo）*Picus canus*

形态特征 体长26～29厘米。头顶及头侧灰色，枕和后颈黑色，上体绿色，下体暗绿色或灰绿色。雌雄相近，雄鸟前额红色，雌鸟前额灰色。诸多亚种颜色各异，华南亚种枕黑色，下体暗绿色，华东亚种枕灰色具黑色细纵纹，下体灰绿色。

生态习性 栖息于山地、丘陵地区的森林和林缘地带。主要以昆虫为食，兼食部分植物种子。秋冬季随食物而漂泊，常在路旁、农田、村庄等附近的树林中活动。留鸟。

保护级别 安徽省一级重点保护物种。

◎ 雄鸟　赵凯
◎ 雌鸟　赵凯

隼科 Falconidae

红隼（hóngsǔn）*Falco tinnunculus*

◎ 雄鸟　赵凯
◎ 雌鸟　赵凯

形态特征　体长31～37厘米。雄鸟头、尾蓝灰色，尾具黑色次端斑。上体砖红色，具黑色块斑。雌鸟头及上体红褐色，头部杂以黑褐色细纹，上体具宽横纹。幼鸟似雌鸟，头灰褐色杂以黑褐色细纹。虹膜褐色。蜡膜黄色。嘴黑色。跗蹠黄色，爪黑色。

生态习性　栖息于林缘及具稀疏树木的旷野上。主要以小型鸟类、啮齿类等小型脊椎动物为食。多单独活动。留鸟。

保护级别　国家二级重点保护物种；CITES附录Ⅱ收录物种。

燕隼（yànsǔn）*Falco subbuteo*

形态特征 小型猛禽，体长29～31厘米。雌雄羽色相近，似红脚隼雌鸟，但蜡膜、跗蹠和趾均为黄色，爪黑色，髭纹更粗。成鸟具白色细眉纹，头及上体暗蓝灰色具黑色羽干纹。颈侧白色，耳区有1块向下的黑色凸起。下体白色，胸腹具黑褐色纵纹。尾下覆羽和覆腿羽棕红色。翅狭长，翼下覆羽白色且密布黑色斑纹。幼鸟上体具红褐色羽缘。虹膜褐色。蜡膜黄色。嘴黑灰色。

生态习性 栖息于林缘或有稀疏树木生长的开阔区域。主要以小型脊椎动物和昆虫为食，常以其高超的飞行技巧捕食飞行中的燕子。单独或成对活动。繁殖期为5～7月，营巢于高大乔木上，也侵占喜鹊等鸦科鸟类的旧巢。夏候鸟。

保护级别 国家二级重点保护物种；CITES附录Ⅱ收录物种。

◎ 飞行　董文晓
◎ 成鸟　黄丽华

伯劳科 Laniidae

牛头伯劳（niútóu bóláo）*Lanius bucephalus*

形态特征 中等鸣禽，体长19～21厘米。雄鸟眉纹白色，贯眼纹黑色。头顶至后颈栗褐色，上体褐色沾棕。两翼和尾黑褐色，初级飞羽基部具白色翅斑。颏、喉白色，体侧棕红色。下体中央污白色，微具褐色鳞状纹。雌鸟似雄鸟，但眼先灰白色，贯眼纹不完整，耳羽棕褐色，无白色翅斑，下体棕色更深，密布暗褐色鳞状斑纹。虹膜深褐色。嘴角黑褐色。跗蹠及趾黑褐色。

生态习性 栖息于山地、丘陵地区的阔叶林或针阔混交林的林缘地带。主要以昆虫及小型脊椎动物为食。非繁殖期多单独活动。性凶猛。冬候鸟。

保护级别 安徽省二级重点保护物种。

◎ 成鸟　赵凯

◎ 雌鸟　赵凯
◎ 雄鸟　赵凯

红尾伯劳（hóngwěi bóláo）*Lanius cristatus*

形态特征　体长18～20厘米。成鸟具白色眉纹和黑色贯眼纹，尾羽红棕色。雄鸟头及上体羽色因亚种而异。颏、喉白色，下体余部浅棕色。雌鸟下体均具暗褐色鳞状斑纹。虹膜褐色。嘴黑色，下嘴基部色浅。跗蹠及趾黑色。

生态习性　栖息于低山、丘陵及平原地区的林缘灌丛中。主要以昆虫和小型脊椎动物为食。单独或成对活动。繁殖期为5～7月，营巢于多枝叶的灌木或树杈上。夏候鸟。

保护级别　安徽省二级重点保护物种。

棕背伯劳（zōngbèi bóláo）*Lanius schach*

◎ 成鸟　赵凯

形态特征　体长21～28厘米。成鸟贯眼纹黑而宽，头顶至上背灰色，上体余部棕红色，翼上具白色翅斑。下体棕白色，两胁及尾下覆羽棕色。雌雄相似。幼鸟头及颈背褐灰色，上体棕褐色具暗褐色波纹。虹膜褐色。嘴黑色。跗蹠及趾黑色。

生态习性　栖息于低山、丘陵及平原地区，喜疏林地或开阔地。主要以昆虫及蛇和鼠等小型脊椎动物为食。性凶猛。留鸟。

保护级别　安徽省二级重点保护物种。

鸦科 Corvidae

松鸦（sōngyā）*Garrulus glandarius*

◎ 成鸟 赵凯

形态特征 体长30～36厘米。具黑色髭纹，额、头、颈及上体肩、背至腰红棕色，飞羽和尾羽黑褐色，翼上具蓝黑相间的斑纹。初级覆羽、最外侧的几根次级大覆羽和5根次级飞羽外翈基部具蓝色横纹，并形成明显的翅斑。尾下覆羽白色，下体余部、腋羽及翼下覆羽浅红棕色。虹膜灰色。嘴黑褐色。跗蹠及趾黄褐色。

生态习性 栖息于针叶林、针阔叶混交林或阔叶林中。杂食性。主要以昆虫为食。叫声沙哑且单调。留鸟。

保护级别 安徽省二级重点保护物种。

◎ 成鸟　赵凯

红嘴蓝鹊（hóngzuǐ lánquè）*Urocissa erythrorhyncha*

形态特征　体长55～65厘米。额、头侧、颈侧、喉和胸黑色，头顶至后颈白色微杂以黑色。上体紫蓝灰色，下体胸以下白色。尾长，紫蓝色，凸形，具黑色次端斑和白色端斑。虹膜黄色。嘴、跗蹠及趾红色。

生态习性　栖息于山地、丘陵地区的阔叶林及林缘地带。主要以植物果实、小型脊椎动物等为食。喜成群活动，性凶悍，会主动围攻入侵的猛禽。留鸟。

保护级别　安徽省二级重点保护物种。

喜鹊（xǐquè）*Pica pica*

形态特征 中等鸣禽，体长40～50厘米。雌雄羽色相似。头、颈及上体黑色，具蓝色金属光泽。肩羽纯白色，构成大型白色肩斑。尾楔形，黑色且具绿色光泽。初级飞羽白色，仅端缘黑色。两翼余部黑色且具蓝色金属光泽。腹和两胁白色，下体余部黑色。虹膜暗褐色。嘴、跗蹠及趾黑色。

生态习性 栖息于山地、丘陵及平原地区的林地、农田中。杂食性。繁殖季节主要以昆虫等动物为食，秋冬季主要以植物果实和种子为食。成对或成小群活动。繁殖期为3～5月，筑巢于高大乔木或高压电塔上，巢呈球形，上有顶盖。留鸟。

保护级别 安徽省二级重点保护物种。

◎ 成鸟　赵凯

白颈鸦（báijǐngyā）*Corvus torquatus*

形态特征 体长46～50厘米。雌雄羽色相似。上背、后颈、颈侧至前胸白色，形成完整的白色颈圈。其余体羽黑色且具紫蓝色金属光泽。虹膜、嘴、跗蹠及趾黑色。

生态习性 栖息于平原、丘陵及开阔的农田、河滩等地。杂食性。主要以昆虫、腐肉、植物种子为食，也会从人类的生活垃圾中寻找食物。单独或成对活动，很少集群。繁殖期为3～6月，营巢于高大乔木上。留鸟。

保护级别 IUCN红色名录近危（NT）等级。

◎ 成鸟　赵凯

燕科 Hirundinidae

家燕（jiāyàn）*Hirundo rustica*

形态特征 体长16～18厘米。口裂深，翅狭长，尾深叉状。头及上体钢蓝色且具金属光泽。前额、颏、喉栗色，下体胸以下白色。尾具白色点斑。雌雄相似。虹膜褐色。嘴、跗蹠及趾黑色。

生态习性 栖息于村庄及附近的田野。善飞行捕食昆虫，飞行迅速敏捷，没有固定的飞行方向。常在屋檐下筑巢，巢呈半碗状。夏候鸟。

保护级别 安徽省一级重点保护物种。

◎ 成鸟 赵凯

金腰燕（jīnyāoyàn）*Hirundo daurica*

形态特征 体长17～19厘米。似家燕，但颏、喉无栗色，尾无白色点斑。腰棕栗色，下体白色，具黑褐色纵纹。雌雄相似。尾上覆羽及尾羽黑色，尾深叉型，最外侧尾羽最长。飞羽及翼上覆羽黑褐色，最内侧翼覆羽与肩同色。眼后至颞部棕栗色，颈侧与下体颏至腹白色沾棕，具黑褐色羽干纹。尾下覆羽棕黄色，腋羽和翼下覆羽灰色沾棕，均具细的黑褐色羽干纹。跗蹠及趾暗红褐色。

生态习性 栖息于低山、平原的居民点附近。主要以昆虫为食。生活习性与家燕相似，多成群活动。夏候鸟。

保护级别 安徽省一级重点保护物种。

◎ 成鸟　赵凯

绣眼鸟科 Zosteropidae

暗绿绣眼鸟（ànlǜ xiùyǎnniǎo）*Zosterops japonicus*

◎ 成鸟 赵凯

形态特征 体长9～11厘米。雌雄鸟相似。眼周被白色绒状短羽，眼先有1条黑色细纹。额、头、头侧、后颈至上体各部暗黄绿色，额和头黄色稍深。小覆羽及内侧中覆羽和大覆羽与背同色，其余覆羽和飞羽暗褐色，除小翼羽和第一个初级飞羽外，各羽外翈均具草绿色羽缘。尾暗褐色，外翈羽缘草绿色。颏、喉至上胸及尾下覆羽柠檬黄色，下体余部灰白色。虹膜橙褐色。嘴黑色，微下弯。跗蹠及趾铅灰色。

生态习性 栖息于阔叶林或针阔混交林中。主要以昆虫为食。常成小群活动。夏候鸟。

保护级别 安徽省二级重点保护物种。

◎ 成鸟 赵凯

噪鹛科 Leiothrichidae

画眉（huàméi）*Garrulax canorus*

形态特征 体长21～25厘米。具明显的白色眼圈和眼后眉纹，上体橄榄褐色，腹中央蓝灰色，下体余部棕黄色。雌雄相似。虹膜黄色。嘴黄色。跗蹠及趾红褐色。

生态习性 栖息于山地、丘陵地区的矮树丛和灌丛中。主要以昆虫和植物种子为食。单独或成对活动。雄鸟极善鸣啭，是著名的笼鸟。留鸟。

保护级别 国家二级重点保护物种；IUCN红色名录近危（NT）级别；CITES附录Ⅱ收录物种。

红嘴相思鸟（hóngzuǐ xiāngsīniǎo）*Leiothrix lutea*

形态特征 体长12～16厘米。嘴红色，头橄榄黄绿色。上体多灰褐色，翼上具红、黄两色翅斑。下体喉黄色，胸橙红色。雌鸟似雄鸟，但眼先近白色，胸部橙黄色。虹膜褐色。嘴红色。跗蹠及趾粉红色。

生态习性 栖息于山地、丘陵地区的常绿阔叶林中。主要以昆虫为食，兼食植物果实、种子。多成小群活动。留鸟。

保护级别 国家二级重点保护物种；CITES附录Ⅱ收录物种。

◎ 成鸟　赵凯

椋鸟科 Sturnidae

◎ 成鸟 赵凯

八哥（bāgē）*Acridotheres cristatellus*

形态特征 体长21～28厘米。雌雄羽色相似。成鸟通体黑色，额基具耸立的簇状长羽。初级飞羽基部具较宽的白色翅斑，外侧尾羽具较窄的白色端斑。下体暗灰黑色，尾下覆羽具白色端斑。幼鸟似雄鸟，但额基部簇状长羽不明显。虹膜橙黄色（幼鸟浅黄色）。嘴浅黄色。跗蹠及趾黄色。

生态习性 栖息于山地、丘陵及平原地区的村落中。杂食性。主要以昆虫及其幼虫为食，兼食植物种子。多成小群活动，为城市园林中的常见鸟。繁殖期为5～7月，营巢于洞穴。留鸟。

保护级别 安徽省二级重点保护物种。

鹟科 Muscicapidae

白喉林鹟（báihóu línwēng）*Cyornis brunneatus*

形态特征 体长14～16厘米。成鸟眼圈周围皮黄色。翼与背同色。颈近白色且略具深色鳞状斑纹，下颚色浅。胸部淡棕灰色。腹部及尾下覆羽白色。亚成鸟上体皮黄色且具鳞状斑纹，下颚尖端黑色，看似翼短而嘴长。虹膜褐色。嘴上颚近黑色，下颚基部偏黄色。脚粉红色或黄色。

生态习性 栖息于海拔600～1600米茂密的竹林或亚热带阔叶林低矮的灌木丛中，主要以昆虫为食。常伫立于枝头等处静伺，一旦飞虫靠近即迎头衔捕，然后再回原地栖止。叫声具有独特的金属音，音色似笛声。在树上或洞穴内以苔藓、树皮、毛、羽等编成碗状巢。夏候鸟。

保护级别 国家二级重点保护物种；IUCN红色名录易危（VU）级别。

◎ 成鸟　董文晓

◎ 雄鸟　赵凯
◎ 雌鸟　赵凯

鹀科　Emberizidae

蓝鹀（lánwú）*Latoucheornis siemsseni*

形态特征　体长11～14厘米。雄鸟通体多灰蓝色，仅下腹和尾下覆羽白色。雌鸟体羽多棕黄色，上体下背至尾上覆羽灰色，下体腹至尾下覆羽白色。虹膜红褐色。嘴黑色。跗蹠及趾红褐色。

生态习性　栖息于山地常绿落叶阔叶混交林的林下和林缘灌丛中。主要以昆虫和植物种子为食。多单独或成小群活动。留鸟。

保护级别　国家二级重点保护物种；IUCN红色名录近危（NT）级别。

豪猪科 Hystricidae

马来豪猪（mǎlái háozhū）*Hystrix brachyura*

别　　名 豪猪。

形态特征 身体强壮，体长55～77厘米，尾长8～14厘米，体重10～14千克。全身黑色或黑褐色。头部和颈部有细长、直生而向后弯曲的鬃毛。背部、臀部和尾部都生有粗而直的黑棕色与白色相间的纺锤形锐利棘刺，刺由体毛特化而成，易脱落。刺下皮肤生有稀疏的白毛。头部似兔子，但耳朵很小，听觉和视觉都不是很灵敏。尾极短，隐藏在棘刺下面。尾端的数10根棘刺演化成硬毛，顶端膨大，好像一串“小铃铛”，走路的时候，这些“小铃铛”互相撞击，发出响亮而清脆的声音，在数10米外就能听见，常使猛兽不敢靠近。

生态习性 栖息于林木茂盛的山区，在靠近农田的山坡草丛或密林中数量较多。主要以植物根茎为食。穴居。常在天然石洞中居住，也扩大和修整其他动物的旧巢穴而居。夜行性。

保护级别 安徽省一级重点保护物种。

◎ 成体　赵凯

鼹科 Talpidae

大别山鼩鼹（dàbiéshān qúyǎn）*Uropsilus dabieshanensis*

形态特征 体型中等，全长118.6～136.4毫米，尾长52.4～54.1毫米，耳高8.1～8.9毫米，后脚长12.8～12.9毫米，体重6.2～8.9克。吻端凸出，有不同长度的浅灰色胡须。耳三角形，灰色。前脚短，后脚细长。尾纤细，有环形鳞片，鳞片间长有短毛。背部毛发为深灰色和深棕色，腹部毛发为深灰色，背部和腹部颜色差异不明显。前脚和后脚有黑色斑点鳞片，脚比本属其他物种的脚小。双色尾巴，上部黑色，下部浅色。

生态习性 栖息于山地森林中，常沿山脊分布。地下穴居，多在土壤疏松、潮湿、多昆虫处出没。穴道接近地表，常交织成网。昼夜均活动，晨昏活动频繁。

保护级别 无。鹞落坪为该种模式产地。

◎ 成体　陈中正

◎ 成体　赵凯

鼩鼱科　Soricidae

大别山缺齿鼩（dàbiéshān quēchǐqú）*Chodsigoa dabieshanensis*

形态特征　体型小，体长约60毫米，体重5～6克。背毛深褐色，腹皮颜色略浅。尾长约占体长的90%，上面棕色，下面略淡，顶端有一小簇较长的毛发。外耳凸出，圆形，覆黑色短毛。眼小。腿背面被棕色短毛，边缘较浅。

生态习性　在鹞落坪海拔1000米左右的水渠、林缘均发现过，具体生境不详。

保护级别　无。鹞落坪为该种模式产地。

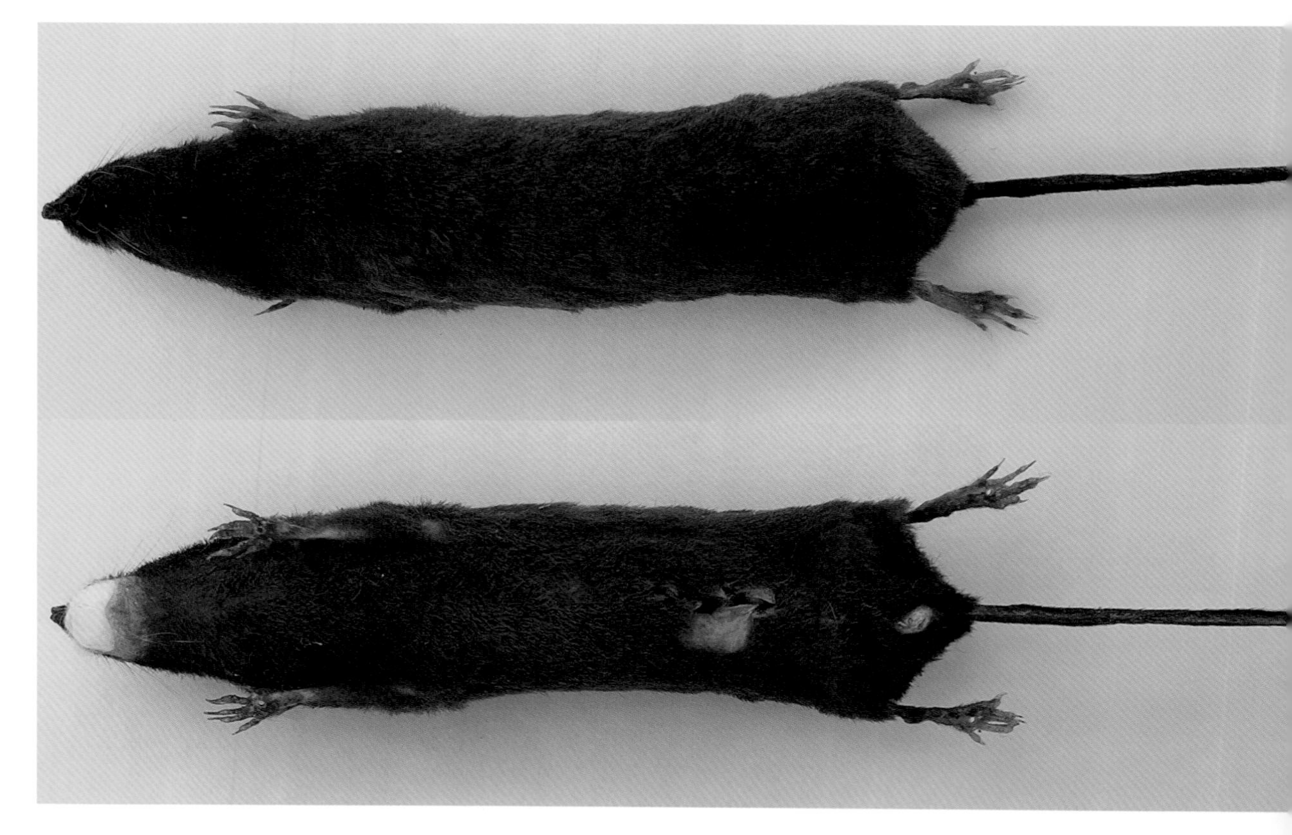

◎ 成体　陈中正

安徽黑齿鼩鼱（ānhuī hēichǐ qújīng）*Parablarinella latimaxillata*

形态特征　体重6～8克，头长67～76毫米，尾长32～29毫米，后足长11～12毫米，颅全长19.4～20.4毫米。被毛深黑色，腹毛稍淡。体型粗壮，尾短粗，约为头长的一半。外耳退化，眼小，几乎不可见。爪十分发达。头骨坚硬，脑颅隆起。上齿具5颗单尖齿，前3颗发达，后2颗单尖齿退化，非常小，齿尖着色明显，呈深褐色。

生态习性　栖息于海拔1100～1700米的山地森林中。

保护级别　无。鹞落坪为该种模式产地。

蹄蝠科 Hipposideridae

普氏蹄蝠（pǔshì tífú）*Hipposideros pratti*

形态特征 体大，展翅约450毫米，前臂长约85毫米。马蹄叶近方形，鼻孔穿出的外缘起翘。2片小副叶位于马蹄叶两侧，狭长形。鞍状叶位于中部。顶叶肉质，直立于鞍状叶背面，中央具深凹。雄性顶叶肥大，雌性顶叶低矮。耳大，三角形。毛色由端部至基部依次为沙黄色、棕褐色、橙黄色、黄色。肩背前方均具"V"形浅色斑。

生态习性 穴居，常与大蹄蝠等混居。

保护级别 IUCN红色名录近危（NT）级别。

◎ 成体 张礼标

◎ 成体　吴毅

菊头蝠科　Rhinolophidae

大菊头蝠（dà jútóufú）*Rhinolophus luctus*

形态特征　体型较大，前臂长67～69毫米。从前面观，鞍状构造为三叶状，即先端及基部向两侧扩展的1对翼状叶。从侧面观，先端低圆，与鞍状构造间无凹缺。体毛长软，致密而稍曲。上体背毛暗赭褐色，杂以灰黄色毛端，呈霜样，头背及下体胸前尤为明显，下体余部毛色稍浅。

生态习性　偶见于山区，穴居型，但很少在洞穴内看到，有独居的现象，偶尔在涵洞内也能见到。

保护级别　IUCN红色名录近危（NT）级别。

长翼蝠科 Miniopteridae

亚洲长翼蝠（yàzhōu chángyìfú）*Miniopterus fuliginosus*

别　　名 折翼蝠。

形态特征 体型大，体长67～68毫米，前臂长47～50毫米。头骨矢状，脊低而细长，吻突小且细长，但上颚较宽。背毛深棕色或浅红棕色，腹面毛色相似，但毛尖色较淡，尾、尾膜和翼均较体型相似物种更长。

生态习性 主要洞栖，也会栖息在建筑物或树的缝隙内。喜集大群。黄昏时开始觅食，有独特的快速且飘忽不定的飞行姿势。在山谷开阔地带觅食，平原区也有分布。

保护级别 IUCN红色名录近危（NT）级别。

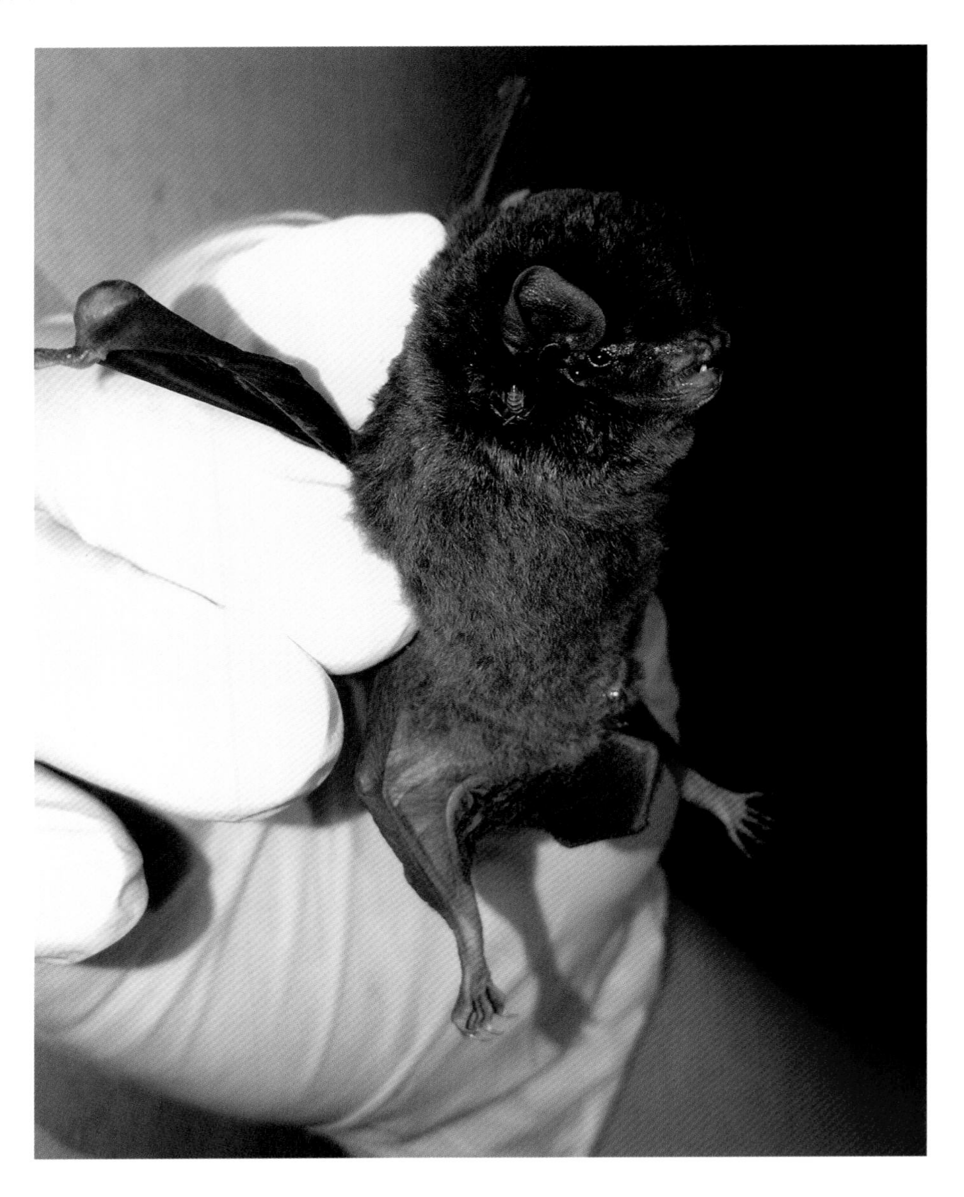

◎ 成体　张礼标

蝙蝠科 Vespertilionidae

中华鼠耳蝠（zhōnghuá shǔ'ěrfú）*Myotis chinensis*

◎ 成体 吴毅

形态特征 体型大，前臂长62～65毫米，翼幅长392～445毫米。头吻尖，口须较发达。耳长，端部窄尖，前折可达鼻端，耳屏细尖，约为耳长的一半。第三掌指基部及腕关节的腹面具1个凸起的膜套。体毛相对较短，背毛橄榄棕色，基部黑褐色，端部沙褐色。下体、喉、胸、腹暗灰色，毛基黑灰色。

生态习性 洞栖，单只或少数几只匿于岩洞的石缝中或岩壁上。

保护级别 IUCN红色名录近危（NT）级别。

渡濑氏鼠耳蝠（dùlàishì shǔ'ěrfú）*Myotis rufoniger*

形态特征 体中型，前臂长约50毫米。耳宽卵圆形，耳屏长而端钝，具1片小基叶。翼膜起始于趾基蹠部，底色橙褐，掌间具三角形黑褐色斑块。股间膜橙黄色。上体背毛长约5毫米，呈褐色，毛端黑褐色，毛基稍浅略带沙黄色。下体胸毛长约4毫米，橙黄色，毛基稍淡。趾具长毛，爪黑色。

生态习性 主要分布于山区及低山、丘陵地带，栖息于树洞里。

保护级别 IUCN红色名录易危（VU）级别。

◎ 成体　余文华

鹿科 Cervidae

◎ 雄性 赵凯
◎ 雌性 赵凯

小麂（xiǎojǐ）*Muntiacus reevesi*

形态特征 体形小，体重9～18千克。脸部较短而宽，额腺短而平行。在颈背中央有1条黑线。雄麂具角，但角叉短小，角尖向内、向下弯曲。上犬齿发达，形成獠牙。前额为鲜艳的橙栗色，耳背暗棕色。毛色个体差异较大，为栗色至暗栗色。雌麂前额暗棕色，耳背黑色。冬毛通常较夏毛稍黑，夏毛通常为淡栗红色，且混杂着灰黄色的斑点。

生态习性 栖息于小丘陵、小山的低谷或森林边缘的灌丛、杂草丛中。性怯懦，孤僻，一般单独生活，很少结群，其活动范围小，经常游荡于其栖息处附近。7～8月龄性成熟，全年繁殖。怀孕期为6个月，每次产崽1～2只。

保护级别 安徽省二级重点保护物种；IUCN红色名录近危（NT）级别。

麝科 Moschidae

安徽麝（ānhuī shè）*Moschus anhuiensis*

形态特征 颊、额及耳背灰黑色，耳壳边缘黑褐色，耳壳内为白色。颏及喉白色，有白色条纹向两颊伸延，向后沿下颈两侧有2条白纹在胸前连成长环状，中央为灰褐色，在颊后的颈侧有2个小的白色斑点。体背部有橘黄色斑点，在腰及臀部两侧明显而密集。尾甚短，常隐没于毛下。

生态习性 栖息于海拔500～1500米的针阔混交林或落叶阔叶林中。春季多在低山阳坡灌丛中活动，夏季多在高山石崖边活动，冬季喜生活于阳坡温暖的树林中。晨昏活动，雌雄分居，有固定的活动路线和栖息场所。雄麝多栖息于山势险峻地段，母麝和幼子多在隐蔽的密林且干燥而温暖的地方休息。主要以地衣、石蕊、寄生槲及灌木枝叶为食。性孤僻，多单独活动。

保护级别 国家一级重点保护物种；IUCN红色名录濒危（EN）级别；CITES附录Ⅱ收录物种。

◎ 雌性 赵凯
◎ 雄性 顾长明

◎ 成体　赵凯

犬科　Canidae

貉（hé）*Nyctereutes procyonoides*

形态特征　体型小，腿短且不成比例，外形似狐。前额和鼻吻部白色，眼周黑色。颊部覆有蓬松的长毛，形成环状领。背前部有1个交叉形图案。胸、腿和足暗褐色。身体一般矮粗，尾长小于头体长，且覆有蓬松的毛。背部和尾部的毛尖黑色。背毛浅棕灰色，混有黑色毛尖。

生态习性　生活在平原、丘陵及部分山地，栖息于河谷、平原和靠近水源的丛林中。洞穴多数是露天的，常居住在其他动物的废弃旧洞中，或营巢于石隙、树洞里。杂食性。主要以小动物为食，也食浆果、真菌、根茎、种子、谷物等。夜行性。

保护级别　国家二级重点保护物种；IUCN红色名录近危（NT）级别。

灵猫科 Viverridae

果子狸（guǒzilí）*Paguma larvata*

别　　名　花面狸。

形态特征　四肢较短，各具5个趾。爪略具伸缩性。香腺不发达。尾长而不具缠绕性。花面狸从鼻后缘经颜面中央至额顶有1条较宽的白色面纹。颈背部常有颈纹与面纹相延续，但因季节或地区不同而有所变化。具长方形眼下斑、扇形眼角斑和半圆形耳前斑。

生态习性　喜好林缘生境，主要栖息于常绿或落叶阔叶林、稀树灌丛中。多将山岗的岩洞、土穴、树洞或浓密的灌丛作为隐居场所。

保护级别　安徽省一级重点保护物种；IUCN红色名录近危（NT）级别。

◎ 成体　赵凯

鼬科　Mustelidae

猪獾（zhūhuān）*Arctonyx collaris*

形态特征　体型粗壮，四肢粗短。吻鼻部裸露凸出似猪拱嘴。头大颈粗，耳小眼小。尾短，一般长不超过200毫米。头部正中从吻鼻部裸露区向后至颈后部有1条白色条纹，宽约等于或略大于吻鼻部宽。吻鼻部两侧至耳廓有1条穿过眼的黑褐色宽带，向后渐宽，但在眼下方有1块明显的白色区域，其后部的黑褐色带渐浅。下颌及颏部白色。背毛以黑褐色为主。四肢色同腹色。尾毛长，白色。

生态习性　栖息于山区、丘陵及田野等地。穴居。视觉差，但嗅觉灵敏。通常在10月下旬开始冬眠，次年3月开始出洞活动。杂食性。性凶猛。夜行性。

保护级别　安徽省二级重点保护物种；IUCN红色名录近危（NT）级别。

◎ 成体　汪文革

亚洲狗獾（yàzhōu gǒuhuān）*Meles leucurus*

形态特征 体形肥壮，吻鼻长，鼻端粗钝，具软骨质的鼻垫，鼻垫与上唇之间被毛。肛门附近具腺囊，能分泌臭液。脸两侧从口角经耳基到头后部各有1条白色或乳黄色纵纹，中间1条纵纹从吻部延伸到额部，3条纵纹中有2条从吻部两侧向后延伸，穿过眼部到头后部与颈背部深色区相连。下颌至尾基及四肢内侧黑棕色或淡棕色。尾背与体背同色，但白色或乳黄色毛尖略有增加。

生态习性 栖息于山区、丘陵、河岸及田野等地。穴居。性机警而灵敏。视觉差，但嗅觉灵敏。杂食性。夜行性。

保护级别 安徽省一级重点保护物种；IUCN红色名录近危（NT）级别。

◎ 成体　赵凯

鼬獾（yòuhuān）*Melogale moschata*

形态特征 鼻吻部发达，鼻垫与上唇间被毛，眼小且显著。体背及四肢外侧淡灰褐色或黄灰褐色，头部和颈部色调较体背深。头顶后部至脊背有1条连续的白色或乳白色纵纹。前额、眼后、耳前、颊和颈侧有白色或乳白色斑，一般与喉、腹的色区相连。上唇、鼻端两侧白色或浅黄色。下体从下颌、喉、腹直至尾基依次为苍白色、黄白色、肉桂色、杏黄色。尾部针毛毛尖灰白色或乳黄色，向后逐渐增长，色调减淡。

生态习性 栖息于河谷、沟谷、丘陵及山地的森林、灌丛和草丛中，常在阳坡灌丛中挖掘洞穴。杂食性。喜在干涸的水沟或小溪边觅食，用脚爪和鼻吻扒挖食物，常留下半月形的翻掘泥土的痕迹，活动范围小而固定。夜行性。

保护级别 安徽省一级重点保护物种；IUCN红色名录近危（NT）级别。

◎ 成体　张铭

◎ 成体　赵凯

黄鼬（huángyòu）*Mustela sibirica*

形态特征　身体细长。头细，颈较长。耳壳短而宽，稍凸出于毛丛。尾长约为体长之半。四肢较短，趾端爪尖锐，趾间有很小的皮膜。肛门腺发达。毛色从浅沙棕色到黄棕色，色泽较淡。背毛略深，腹毛稍浅，四肢、尾与身体同色。鼻基部、前额及眼周浅褐色。鼻垫基部及上、下唇为白色，喉部及颈下常有白斑。

生态习性　栖息于森林、湿地、丘陵、农田、村舍等地。喜居于石洞、树洞或倒木下。晨昏活动频繁，有时也在白天活动。杂食性。主要以小型哺乳动物为食。夜行性。

保护级别　安徽省二级重点保护物种。

参考文献

[1] Angiosperm Phylogeny Group. An Update of the Angiosperm Phylogeny Group Classification for the Orders and Families of Flowering Plants: APG Ⅳ[J]. Botanical Journal of the Linnean Society, 2016, 181(1): 1-20.

[2] Chen X H, Qu W Y, Jiang J P. A New Species of the Subgenus *Paa*(*Feirana*) from China[J]. Herpetologica Sinica, 2002(9): 230.

[3] Chen Z, Hu T, Pei X, et al. A New Species of Asiatic Shrew of the Genus *Chodsigoa*(Soricidae, Eulipotyphla, Mammalia) from the Dabie Mountains, Anhui Province, Eastern China[J]. ZooKeys, 2022(1083): 129-146.

[4] Christenhusz M, Reveal J, Farjon A, et al. A New Classification and Linear Sequence of Extant Gymnosperms[J]. Phytotaxa, 19(1): 55-70.

[5] Ge D, Lu L, Xia L, et al. Molecular Phylogeny, Morphological Diversity, and Systematic Revision of a Species Complex of Common Wild Rat Species in China(Rodentia, Murinae) [J]. Journal of Mammalogy, 2018, 99(6): 1350-1374.

[6] Hu T L, Xu Z, Zhang H, et al. Description of a New Species of the Genus *Uropsilus*(Eulipotyphla: Talpidae: Uropsilinae) from the Dabie Mountains, Anhui, Eastern China[J]. Zookeys, 2021, 42(3): 294-299.

[7] Huang X, Pan T, Han D, et al. A New Species of the Genus *Protobothrops*(Squamata: Viperidae: Crotalinae) from the Dabie Mountains, Anhui, China[J]. Asian Herpetological Research, 2012, 3(3): 213-218.

[8] Pan T, Zhang Y N, Wang H, et al. A New Species of the Genus *Rhacophorus*(Anura: Rhacophoridae) from Dabie Mountains in East China[J]. Asian Herpetological Research, 2017, 18(1): 13.

[9] The Pteridophyte Phylogeny Group. A Community-Derived Classification for Extant Lycophytes and Ferns[J]. Journal of Systematics and Evolution, 2006, 54(6): 563-603.

[10] Qian L F, Sun X N, Li J Q, et al. A New Species of the Genus *Tylototriton*(Amphibia: Urodela: Salamandridae) from the Southern Dabie Mountains in Anhui Province[J]. Asian Herpetological Research, 2017, 8(3): 151-164.

[11] Ting L H, Zhen X, Zhang H, et al. Description of a New Species of the Genus *Uropsilus*(Eulipotyphla: Talpidae: Uropsilinae) from the Dabie Mountains, Anhui, Eastern China[J]. Zoological Research, 2021, 42(3): 294-299.

[12] Wang C, Qian L, Zhang C, et al. A New Species of *Rana* from the Dabie Mountains in Eastern China(Anura, Ranidae) [J]. ZooKeys, 2017, 724(4): 135-153.

[13] Zhang J, Jiang K, Vogel G, et al. A New Species of the Genus *Lycodon*(Squamata, Colubridae) from Sichuan Province, China[J]. Zootaxa, 2011(2982): 59-68.

[14] Zhou X, Guang X, Sun D, et al. Population Genomics of Finless Porpoises Reveal an Incipient Cetacean Species Adapted to Freshwater[J]. Nature Communications, 2018, 9(1): 1276.

[15] 蔡波, 王跃招, 陈跃英, 等. 中国爬行纲动物分类厘定[J]. 生物多样性, 2015, 23(3): 365-382.

[16] 陈壁辉. 安徽两栖爬行动物志[M]. 合肥: 安徽科学技术出版社, 1991.

[17] 陈怀平, 章鹏程, 汪结超, 等. 太湖花亭湖湿地冬季鸟类调查报告[J]. 安徽林业科技, 2020, 46(4): 4.

[18] 陈晓虹, 江建平, 瞿文元. 叶氏隆肛蛙(无尾目, 蛙科)的补充描述[J]. 动物分类学报, 2004, 29(2): 381-385.

[19] 陈艺林. 国产凤仙花属六新种[J]. 植物分类学报, 1999(1): 89-100.

[20] 党飞红, 余文华, 王晓云, 等. 中国渡濑氏鼠耳蝠种名订正[J]. 四川动物, 2017, 36(1): 7-13.

[21] 宫蕾, 张黎黎, 周立志, 等. 长江中下游安庆沿江湖泊湿地夏季鸟类多样性调查[J]. 湖泊科学, 2013, 25(6): 11.

[22] 韩德民, 胡小龙, 顾长明, 等. 安徽省豹猫的分布和数量[J]. 安徽大学学报(自然科学版), 1995(4): 82-88.

[23] 侯银续, 张黎黎, 胡边走, 等. 安徽省鸟类分布新纪录: 白鹈鹕[J]. 野生动物, 2013, 34(1): 61-62.

[24] 胡超超, 杨瑞东, 张保卫, 等. 安庆天柱山机场鸟类群落季节性变化与鸟击防范[J]. 南京师范大学学报(自然科学版), 2011, 34(2): 9.

[25] 胡庚东, 陈家长, 尤洋, 等. 长江安徽段白鱀豚栖息地生态环境的调查及评价[J]. 青海畜牧兽医杂志, 2000, 30(4): 15-17.

[26] 黄松. 中国蛇类图鉴[M]. 福州: 海峡书局, 2021.

[27] 黄欣. 大别山地区原矛头蝮属一新种的确定及原矛头蝮属线粒体基因组演化的初步研究[D]. 合肥: 安徽大学, 2014.

[28] 江建平, 陈晓虹, 王斌. 中国蛙科一新属: 肛刺蛙属(蛙科: 叉舌蛙亚科)[J]. 安徽师范大学学报(自然科学版), 2006, 29(5): 3.

[29] 蒋志刚, 江建平, 王跃招, 等. 中国脊椎动物红色名录[J]. 生物多样性, 2016, 24(5): 501-551, 615.

[30] 蒋志刚. 中国哺乳动物多样性及地理分布[M]. 北京: 科学出版社, 2015.

[31] 李炳华. 安徽雉科鸟类的初步研究[J]. 安徽师范大学学报(自然科学版), 1992, 15(3): 76-81.

[32] 李莉, 崔鹏, 徐海根, 等. 安徽鹞落坪繁殖季节鸟类物种组成比较研究[J]. 野生动物学报, 2017, 38(1): 11.

[33] 李湘涛. 中国猛禽[M]. 北京: 中国林业出版社, 2004.

[34] 李永民, 吴孝兵. 安徽省两栖爬行动物名录修订[J]. 生物多样性, 2019, 27(9): 10.

[35] 李中文, 周立志. 安徽省两栖爬行动物物种分布特征[J]. 野生动物, 2009, 30(5): 4.

[36] 刘彬, 周立志, 汪文革, 等. 大别山山地次生林鸟类群落集团结构的季节变化[J]. 动物学研究, 2009, 30(3): 277-287.

[37] 刘春生, 吴万能, 张家林, 等. 安徽皖南及大别山山地丘陵区啮齿类区系组成及其在动物地理区划中意义探讨[J]. 中国媒介生物学及控制杂志, 1996(6): 419-423.

[38] 刘大钊, 周立志. 安徽安庆菜子湖国家湿地公园景观格局变化对鸟类多样性的影响[J]. 生态学杂志, 2021, 40(7): 12.

[39] 刘少英, 吴毅. 中国兽类图鉴[M]. 福州: 海峡书局, 2019.

[40] 刘阳, 陈水华. 中国鸟类观察手册[M]. 长沙: 湖南科学技术出版社, 2021.

[41] 梅雅晴, 缪永鑫, 李艺迪, 等. 安徽省泛树蛙属物种分类归属初探[J]. 安徽大学学报(自然科学版), 2022, 46(2): 80-88.

[42] 潘涛, 汪文革, 汪龙春, 等. 安徽岳西大别山区爬行动物新记录: 平胸龟(*Platysternon megacephalum*)[J]. 安徽大学学报(自然科学版), 2013(4): 3.

[43] 潘涛, 周文良, 史文博, 等. 大别山地区两栖爬行动物区系调查[J]. 动物学杂志, 2014(2): 195-206.

[44] 孙若磊, 马号号, 虞磊, 等. 大别山区鸟类多样性与分布初报[J]. 安徽大学学报(自然科学版), 2021, 45(3): 18.

[45] 孙晓楠. 大别山区疣螈属一新种鉴定及其保护遗传学初步研究[D]. 合肥: 安徽大学, 2017.

[46] 覃海宁, 杨永, 董仕勇, 等. 中国高等植物受威胁物种名录[J]. 生物多样性, 2017, 25(7): 696-744.

[47] 王斌, 蔡波, 陈蔚涛, 等. 中国脊椎动物2020年新增物种[J]. 生物多样性, 2021, 29(8): 1021-1025.

[48] 王陈成, 胡超超, 钱立富, 等. 安庆天柱山机场鸟类多样性调查及鸟击防范措施初探[J]. 玉林师范学院学报, 2017, 38(5): 11.

[49] 王陈成. 大别山地区林蛙属(*Rana*)物种界定研究及布氏泛树蛙(*Polypedates braueri*)在安徽的分布确定[D]. 合肥: 安徽大学, 2018.

[50] 王剀, 任金龙, 陈宏满, 等. 中国两栖、爬行动物更新名录[J]. 生物多样性, 2020, 28(2): 189-218.

[51] 王岐山, 胡小龙. 安徽鸟类新纪录[J]. 四川动物, 1986(1): 40-41.

[52] 王岐山, 陈璧辉, 梁仁济. 安徽兽类地理分布的初步研究[J]. 动物学杂志, 1966(3): 101-106, 122.

[53] 王岐山, 刘春生, 张大荣, 等. 安徽长江沿岸鼠类及其体外寄生虫初步研究[J]. 安徽大学学报(自然科学版), 1979(1): 61-70.

[54] 王岐山. 安徽兽类志[M]. 合肥: 安徽科学技术出版社, 1990.

[55] 王岐山. 安徽动物地理区划[J]. 安徽大学学报(自然科学版), 1986(1): 45-58.

[56] 王新建, 周立志, 张有瑜, 等. 安徽省兽类物种多样性及其分布格局[J]. 兽类学报, 2007(2): 175-184.

[57] 魏辅文, 杨奇森, 吴毅, 等. 中国兽类名录: 2021版[J]. 兽类学报, 2021, 41(5): 487-501.

[58] 魏辅文. 中国兽类分类与分布[M]. 北京: 科学出版社, 2022.

[59] 吴海龙, 顾长明. 安徽鸟类图志[M]. 芜湖: 安徽师范大学出版社, 2017.

[60] 谢勇, 汪成海, 张保卫, 等. 安徽麝(*Moschus anhuiensis*)的种群演变兼记天马国家级自然保护区[J]. 江苏教育学院学报(自然科学版), 2009, 26(4): 10-12.

[61] 杨二艳, 周立志, 方建民. 长江安庆段滩地鸟类群落多样性及其季节动态[J]. 林业科学, 2014, 50(4): 7.

[62] 姚敏, 赵凯, 花月, 等. 珍稀濒危动物商城肥鲵的栖息地选择[J]. 安徽农业科学, 2014, 42(11): 4.

[63] 余文华, 何锴, 范朋飞, 等. 中国兽类分类与系统演化研究进展[J]. 兽类学报, 2021, 41(5): 502-524.

[64] 张定成, 周守标, 张小平, 等. 安徽黄精属植物分类研究[J]. 广西植物, 2000(1): 32-36.

[65] 张财文, 马号号, 朱志, 等. 安徽省鸟类分布新纪录: 红喉潜鸟(*Gavia stellata*)和蓑羽鹤(*Grus virgo*)[J]. 安徽大学学报(自然科学版), 2021, 45(2): 3.

[66] 张恒, 李佳琦, 周磊, 等. 利用红外相机技术对安徽省鹞落坪国家级自然保护区大中型兽类及林下鸟类的调查[J]. 生物多样性, 2018, 26(12): 5.

[67] 张荣祖. 中国动物地理[M]. 北京: 科学出版社, 2011.

[68] 张盛周, 陈璧辉. 安徽省爬行动物区系及地理区划[J]. 四川动物, 2002(3): 136-141.

[69] 章克家, 王小明, 吴巍, 等. 大鲵保护生物学及其研究进展[J]. 生物多样性, 2002, 10(3): 7.

[70] 赵彬彬, 桂正文, 邹宏硕, 等. 安徽省鸟类新纪录: 叉尾太阳鸟[J]. 四川动物, 2018, 37(1): 1.

[71] 赵尔宓. 中国蛇类[M]. 合肥: 安徽科学技术出版社, 2005.

[72] 赵凯. 安庆野生动物[M]. 合肥: 中国科学技术大学出版社, 2022.

[73] 赵鑫磊, 刘耀武, 方成武. 安徽凤仙花科植物新记录: 卢氏凤仙花[J]. 生物学杂志, 2017, 34(4): 67-68.

[74] 郑光美. 中国鸟类分类与分布名录 [M]. 4版. 北京: 科学出版社, 2023.

保护植物名录

序号	门	科	中文名	学名	国家保护级别	省重点保护物种	IUCN级别	CITES附录	模式产地物种
1	苔藓植物 Bryophytes	白发藓科 Leucobryaceae	桧叶白发藓	*Leucobryum juniperoideum*	二级		LC		
2	蕨类植物 Pteridophyta	石松科 Lycopodiaceae	长柄石杉	*Huperzia javanica*	二级		EN		
3			四川石杉	*Huperzia sutchueniana*	二级		LC		
4			金发石杉	*Huperzia quasipolytrichoides*	二级		VU		
5			柳杉叶马尾杉	*Phlegmariurus cryptomerinus*	二级		LC		
6	裸子植物 Gymnosperms	红豆杉科 Taxaceae	巴山榧树	*Torreya fargesii*	二级		VU		
7			三尖杉	*Cephalotaxus fortunei*		√	LC		
8			粗榧	*Cephalotaxus sinensis*		√	NT		
9		松科 Pinaceae	大别山五针松	*Pinus dabeshanensis*	一级		EN		√
10			金钱松	*Pseudolarix amabilis*	二级		VU		
11	被子植物 Angiospermae	五味子科 Schisandraceae	红茴香	*Illicium henryi*		√	LC		
12			二色五味子	*Schisandra bicolor*		√	LC		
13		马兜铃科 Aristolochiaceae	汉城细辛	*Asarum sieboldii*			VU		
14		樟科 Lauraceae	天目木姜子	*Litsea auriculata*		√	LC		
15			天竺桂	*Cinnamomum japonicum*	二级		VU		
16		木兰科 Magnoliaceae	鹅掌楸	*Liriodendron chinense*	二级		LC		
17			罗田玉兰	*Yulania pilocarpa*			EN		
18			天女花	*Oyama sieboldii*		√	NT		
19		天南星科 Araceae	鹞落坪半夏	*Pinellia yaoluopingensis*		√	LC		√

续表

序号	门	科	中文名	学名	国家保护级别	省重点保护物种	IUCN级别	CITES附录	模式产地物种
20	被子植物 Angiospermae	泽泻科 Alismataceae	窄叶泽泻	*Alisma canaliculatum*		√	LC		
21		藜芦科 Melanthiaceae	延龄草	*Trillium tschonoskii*		√	LC		
22			启良重楼	*Paris qiliangiana*	二级		VU		
23			狭叶重楼	*Paris polyphylla* var. *stenophylla*	二级		VU		
24			华重楼	*Paris polyphylla* var. *chinensis*	二级		VU		
25		百合科 Liliaceae	荞麦叶大百合	*Cardiocrinum cathayanum*	二级		VU		
26			安徽贝母	*Fritillaria anhuiensis*	二级		VU		
27		兰科 Orchidaceae	无柱兰	*Ponerorchis gracile*			LC	Ⅱ	
28			白及	*Bletilla striata*	二级		EN	Ⅱ	
29			钩距虾脊兰	*Calanthe graciliflora*			LC	Ⅱ	
30			银兰	*Cephalanthera erecta*			LC	Ⅱ	
31			金兰	*Cephalanthera falcata*			LC	Ⅱ	
32			杜鹃兰	*Cremastra appendiculata*	二级		VU	Ⅱ	
33			蕙兰	*Cymbidium faberi*	二级		LC	Ⅱ	
34			春兰	*Cymbidium goeringii*	二级		VU	Ⅱ	
35			扇脉杓兰	*Cypripedium japonicum*	二级		LC	Ⅱ	
36			血红肉果兰	*Cyrtosia septentrionalis*		√	VU	Ⅱ	
37			毛萼山珊瑚	*Galeola lindleyana*			LC	Ⅱ	
38			中华盆距兰	*Gastrochilus sinensis*			CR	Ⅱ	
39			天麻	*Gastrodia elata*	二级		LC	Ⅱ	

续表

序号	门	科	中文名	学名	国家保护级别	省重点保护物种	IUCN级别	CITES附录	模式产地物种
40	被子植物 Angiospermae	兰科 Orchidaceae	独花兰	*Changnienia amoena*	二级		EN	Ⅱ	
41			大花斑叶兰	*Goodyera biflora*			NT	Ⅱ	
42			小斑叶兰	*Goodyera repens*			LC	Ⅱ	
43			斑叶兰	*Goodyera schlechtendaliana*			NT	Ⅱ	
44			叉唇角盘兰	*Herminium lanceum*			LC	Ⅱ	
45			角盘兰	*Herminium monorchis*			NT	Ⅱ	
46			羊耳蒜	*Liparis campylostalix*			LC	Ⅱ	
47			齿突羊耳蒜	*Liparis rostrata*			LC	Ⅱ	
48			舌唇兰	*Platanthera japonica*			LC	Ⅱ	
49			小舌唇兰	*Platanthera minor*			LC	Ⅱ	
50			绶草	*Spiranthes sinensis*			LC	Ⅱ	
51			香港绶草	*Spiranthes hongkongensis*			LC	Ⅱ	
52			高山蛤兰	*Conchidium japonicum*			LC	Ⅱ	
53			十字兰	*Habenaria schindleri*			VU	Ⅱ	
54		天门冬科 Asparagaceae	黄精	*Polygonatum sibiricum*		√	LC		
55			多花黄精	*Polygonatum cyrtonema*			NT		
56			金寨黄精	*Polygonatum jinzhaiense*			VU		
57		莎草科 Cyperaceae	大别薹	*Carex dabieensis*			LC		√
58		领春木科 Eupteleaceae	领春木	*Euptelea pleiosperma*		√	LC		
59		罂粟科 Papaveraceae	延胡索	*Corydalis yanhusuo*			VU		

续表

序号	门	科	中文名	学名	国家保护级别	省重点保护物种	IUCN级别	CITES附录	模式产地物种
60	被子植物 Angiospermae	小檗科 Berberidaceae	八角莲	*Dysosma versipellis*	二级		VU		
61			三枝九叶草	*Epimedium sagittatum*		√	NT		
62		黄杨科 Buxaceae	小叶黄杨	*Buxus sinica* var. *parvifolia*		√	LC		
63		金缕梅科 Hamamelidaceae	牛鼻栓	*Fortunearia sinensis*			VU		
64		芍药科 Paeoniaceae	草芍药	*Paeonia obovata*		√	LC		
65		连香树科 Cercidiphyllaceae	连香树	*Cercidiphyllum japonicum*	二级		LC		
66		豆科 Fabaceae	野大豆	*Glycine soja*	二级		LC		
67			湖北紫荆	*Cercis glabra*		√	LC		
68			黄檀	*Dalbergia hupeana*			NT	Ⅱ	
69			大金刚藤	*Dalbergia dyeriana*			LC	Ⅱ	
70		蔷薇科 Rosaceae	黄山花楸	*Sorbus amabilis*		√	LC		
71		胡颓子科 Elaeagnaceae	长梗胡颓子	*Elaeagnus longipedunculata*		√	LC		√
72		鼠李科 Rhamnaceae	毛柄小勾儿茶	*Berchemiella wilsonii* var. *pubipetiolata*	二级		CR		
73		大麻科 Cannabaceae	青檀	*Pteroceltis tatarinowii*		√	LC		
74		榆科 Ulmaceae	大叶榉树	*Zelkova schneideriana*	二级		NT		
75			榉树	*Zelkova serrata*		√	LC		
76		胡桃科 Juglandaceae	青钱柳	*Cyclocarya paliurus*		√	LC		
77		桦木科 Betulaceae	华榛	*Corylus chinensis*		√	LC		
78		芸香科 Rutaceae	秃叶黄檗	*Phellodendron chinense* var. *glabriusculum*	二级		LC		
79			朵花椒	*Zanthoxylum molle*			VU		

续表

序号	门	科	中文名	学名	国家保护级别	省重点保护物种	IUCN级别	CITES附录	模式产地物种
80	被子植物 Angiospermae	无患子科 Sapindaceae	临安槭	*Acer linganense*		√	VU		
81			葛萝槭	*Acer davidii* subsp. *grosseri*			NT		
82			锐角槭	*Acer acutum*		√	LC		
83			蜡枝槭	*Acer ceriferum*		√	NT		
84			稀花槭	*Acer pauciflorum*		√	VU		
85		锦葵科 Malvaceae	南京椴	*Tilia miqueliana*		√	VU		
86		檀香科 Santalaceae	百蕊草	*Thesium chinense*		√	LC		
87		青皮木科 Schoepfiaceae	青皮木	*Schoepfia jasminodora*		√	LC		
88		石竹科 Caryophyllaceae	孩儿参	*Pseudostellaria heterophylla*		√	LC		
89		蓼科 Polygonaceae	金荞麦	*Fagopyrum dibotrys*	二级		LC		
90			拳参	*Bistorta officinalis*		√	LC		
91		凤仙花科 Balsaminaceae	安徽凤仙花	*Impatiens anhuiensis*		√	LC		√
92		山矾科 Symplocaceae	光亮山矾	*Symplocos lucida*		√	LC		
93		猕猴桃科 Actinidiaceae	软枣猕猴桃	*Actinidia arguta*	二级		NT		
94			中华猕猴桃	*Actinidia chinensis*	二级		LC		
95		杜鹃花科 Ericaceae	水晶兰	*Monotropa uniflora*			NT		
96			羊踯躅	*Rhododendron molle*		√	LC		
97			都支杜鹃	*Rhododendron shanii*		√	LC		√
98			云锦杜鹃	*Rhododendron fortunei*		√	LC		

续表

序号	门	科	中文名	学名	国家保护级别	省重点保护物种	IUCN级别	CITES附录	模式产地物种
99	被子植物 Angiospermae	山茶科 Theaceae	长喙紫茎	*Stewartia rostrata*		√	LC		
100			天目紫茎	*Stewartia gemmata*		√	LC		
101		杜仲科 Eucommiaceae	杜仲	*Eucommia ulmoides*		√	EW		
102		茜草科 Rubiaceae	香果树	*Emmenopterys henryi*	二级		NT		
103		木樨科 Oleaceae	蜡子树	*Ligustrum leucanthum*		√	LC		
104		唇形科 Lamiaceae	白马鼠尾草	*Salvia baimaensis*			NT		
105			美丽鼠尾草	*Salvia meiliensis*			NT		√
106			丹参	*Salvia miltiorrhiza*		√	LC		
107		青荚叶科 Helwingiaceae	青荚叶	*Helwingia japonica*		√	LC		
108		冬青科 Aquifoliaceae	大别山冬青	*Ilex dabieshanensis*		√	EN		
109			大叶冬青	*Ilex latifolia*		√	LC		
110		菊科 Asteraceae	苍术	*Atractylodes lancea*		√	LC		
111		五加科 Araliaceae	刺楸	*Kalopanax septemlobus*		√	LC		
112			吴茱萸五加	*Gamblea ciliata* var. *evodiifolia*			VU		
113			疙瘩七	*Panax bipinnatifidus*	二级		EN		
114		伞形科 Apiaceae	红柴胡	*Bupleurum scorzonerifolium*		√	LC		
115		五福花科 Adoxaceae	接骨木	*Sambucus williamsii*		√	LC		

注：表中“LC”代表无危。

保护动物名录

序号	目	科	种名	学名	国家保护级别	省保护级别	IUCN级别	CITES附录	模式产地物种
1	有尾目 Caudata	小鲵科 Hynobiidae	商城肥鲵	*Pachyhynobius shangchengensis*			VU		
2		隐鳃鲵科 Cryptobranchidae	大鲵	*Andrias davidianus*	二级		CR	Ⅰ	
3		蝾螈科 Salamandridae	安徽疣螈	*Tylototriton anhuiensis*	二级		VU	Ⅱ	√
4			东方蝾螈	*Cynops orientalis*			NT		
5	无尾目 Anural	蟾蜍科 Bufonidae	中华蟾蜍	*Bufo gargarizans*		二级	LC		
6		蛙科 Ranidae	黑斑侧褶蛙	*Pelophylax nigromaculatus*			NT		
7			大别山林蛙	*Rana dabieshanensis*			DD		√
8		叉舌蛙科 Dicroglossidae	虎纹蛙	*Hoplobatrachus chinensis*	二级		EN		
9			叶氏隆肛蛙	*Quasipaa yei*	二级		VU		
10	龟鳖目 Chelonia	鳖科 Trionychidae	中华鳖	*Trionyx sinensis*			EN		
11		地龟科 Geoemydidae	乌龟	*Mauremys reevesii*	二级		EN	Ⅲ	
12	有鳞目 Squamata	蝰科 Viperidae	短尾蝮	*Gloydius brevicaudus*			NT		
13			大别山原矛头蝮	*Protobothrops dabieshanensis*		一级	NT		√
14			原矛头蝮	*Protobothrops mucrosquamatus*		一级	LC		
15		游蛇科 Colubridae	黑眉锦蛇	*Elaphe taeniura*		二级	VU		
16			王锦蛇	*Elaphe carinata*		二级	VU		
17			乌梢蛇	*Zoacys dhumnades*		二级	VU		
18		水游蛇科 Natricidae	赤链华游蛇	*Sinonatrix annularis*			VU		
19	鸡形目 Galliformes	雉科 Phasianidae	灰胸竹鸡	*Bambusicola thoracica*		二级	LC		

续表

序号	目	科	种名	学名	国家保护级别	省保护级别	IUCN级别	CITES附录	模式产地物种
20	鸡形目 Galliformes	雉科 Phasianidae	勺鸡	*Pucrasia macrolopha joretiana*	二级		LC		
21			白冠长尾雉	*Syrmaticus reevesii*	一级		EN	Ⅱ	
22			环颈雉	*Phasianus colchicus torquatus*		二级	LC		
23	鸽形目 Columbiformes	鸠鸽科 Columbidae	山斑鸠	*Streptopelia orientalis*		二级	LC		
24			珠颈斑鸠	*Streptopelia chinensis*		二级	LC		
25	夜鹰目 Caprimulgiformes	夜鹰科 Caprimulgidae	普通夜鹰	*Caprimulgus indicus*		一级	LC		
26	鹃形目 Cuculiformes	杜鹃科 Cuculidae	噪鹃	*Eudynamys scolopaceus*		一级	LC		
27			鹰鹃	*Cuculus sparverioides*		一级	LC		
28			小杜鹃	*Cuculus poliocephalus*		一级	LC		
29			四声杜鹃	*Cuculus micropterus*		一级	LC		
30			中杜鹃	*Cuculus saturatus*		一级	LC		
31			大杜鹃	*Cuculus canorus bakeri*		一级	LC		
32	鹰形目 Accipitriformes	鹰科 Accipitridae	黑冠鹃隼	*Aviceda leuphotes*	二级		LC	Ⅱ	
33			金雕	*Aquila chrysaetos*	一级		VU	Ⅱ	
34			白腹隼雕	*Hieraaetus fasciatus*	二级		VU	Ⅱ	
35			凤头鹰	*Accipiter trivirgatus*	二级		NT	Ⅱ	
36			赤腹鹰	*Accipiter soloensis*	二级		LC	Ⅱ	
37			松雀鹰	*Accipiter virgatus*	二级		LC	Ⅱ	
38			雀鹰	*Accipiter nisus*	二级		LC	Ⅱ	
39			黑鸢	*Milvus migrans*	二级		LC	Ⅱ	

续表

序号	目	科	种名	学名	国家保护级别	省保护级别	IUCN级别	CITES附录	模式产地物种
40	鹰形目 Accipitriformes	鹰科 Accipitridae	灰脸鵟鹰	*Butastur indicus*	二级		NT	Ⅱ	
41			普通鵟	*Buteo buteo*	二级		LC	Ⅱ	
42	鸮形目 Strigiformes	鸱鸮科 Strigidae	北领角鸮	*Otus semitorques*	二级		LC	Ⅱ	
43			红角鸮	*Otus sunia*	二级		LC	Ⅱ	
44			斑头鸺鹠	*Glaucidium cuculoides*	二级		LC	Ⅱ	
45	佛法僧目 Coraciiformes	翠鸟科 Alcedinidae	白胸翡翠	*Halcyon smyrnensis*	二级		LC		
46			蓝翡翠	*Halcyon pileata*		一级	LC		
47			普通翠鸟	*Alcedo atthis*		二级	LC		
48			冠鱼狗	*Megaceryle lugubris*		二级	NT		
49	䴕形目 Piciformes	啄木鸟科 Picidae	斑姬啄木鸟	*Picumnus innominatus*		一级	LC		
50			星头啄木鸟	*Picoides canicapillus*		一级	LC		
51			大斑啄木鸟	*Picoides major*		一级	LC		
52			灰头绿啄木鸟	*Picus canus*		一级	LC		
53	隼形目 Falconiformes	隼科 Falconidae	红隼	*Falco tinnunculus*	二级		LC	Ⅱ	
54			燕隼	*Falco subbuteo*	二级		LC	Ⅱ	
55	雀形目 Passeriformes	伯劳科 Laniidae	牛头伯劳	*Lanius bucephalus*		二级	LC		
56			红尾伯劳	*Lanius cristatus*		二级	LC		
57			棕背伯劳	*Lanius schach*		二级	LC		
58		鸦科 Corvidae	松鸦	*Garrulus glandarius*		二级	LC		
59			红嘴蓝鹊	*Urocissa erythrorhyncha*		二级	LC		

续表

序号	目	科	种名	学名	国家保护级别	省保护级别	IUCN级别	CITES附录	模式产地物种
60	雀形目 Passeriformes	鸦科 Corvidae	喜鹊	*Pica pica*		二级	LC		
61			白颈鸦	*Corvus torquatus*			NT		
62		燕科 Hirundinidae	家燕	*Hirundo rustica*		一级	LC		
63			金腰燕	*Hirundo daurica*		一级	LC		
64		绣眼鸟科 Zosteropidae	暗绿绣眼鸟	*Zosterops japonicus*		二级	LC		
65		噪鹛科 Leiothrichidae	画眉	*Garrulax canorus*	二级		NT	Ⅱ	
66			红嘴相思鸟	*Leiothrix lutea*	二级		LC	Ⅱ	
67		椋鸟科 Sturnidae	八哥	*Acridotheres cristatellus*		二级	LC		
68		鹟科 Muscicapidae	白喉林鹟	*Cyornis brunneatus*	二级		VU		
69		鹀科 Emberizidae	蓝鹀	*Latoucheornis siemsseni*	二级		NT		
70	啮齿目 Rodentia	豪猪科 Hystricidae	马来豪猪	*Hystrix brachyura*		一级	LC		
71	劳亚食虫目 Euipotyphla	鼹科 Talpidae	大别山鼩鼹	*Uropsilus dabieshanensis*			DD		√
72		鼩鼱科 Soricidae	大别山缺齿鼩	*Chodsigoa dabieshanensis*			DD		√
73			安徽黑齿鼩鼱	*Parablarinella latimaxillata*			DD		√
74	翼手目 Chiroptera	蹄蝠科 Hipposideridae	普氏蹄蝠	*Hipposideros pratti*			NT		
75		菊头蝠科 Rhinolophidae	大菊头蝠	*Rhinolophus luctus*			NT		
76		长翼蝠科 Miniopteridae	亚洲长翼蝠	*Miniopterus fuliginosus*			NT		
77		蝙蝠科 Vespertilionidae	中华鼠耳蝠	*Myotis chinensis*			NT		
78			渡濑氏鼠耳蝠	*Myotis rufoniger*			VU		
79	鲸偶蹄目 Cetartiodactyla	鹿科 Cervidae	小麂	*Muntiacus reevesi*		二级	NT		

续表

序号	目	科	种名	学名	国家保护级别	省保护级别	IUCN级别	CITES附录	模式产地物种
80	鲸偶蹄目 Cetartiodactyla	麝科 Moschidae	安徽麝	*Moschus anhuiensis*	一级		EN	Ⅱ	
81	食肉目 Carnivora	犬科 Canidae	貉	*Nyctereutes procyonoides*	二级		NT		
82		灵猫科 Viverridae	果子狸	*Paguma larvata*		一级	NT		
83		鼬科 Mustelidae	猪獾	*Arctonyx collaris*		二级	NT		
84			亚洲狗獾	*Meles leucurus*		一级	NT		
85			鼬獾	*Melogale moschata*		一级	NT		
86			黄鼬	*Mustela sibirica*		二级	LC		

注：表中“DD”代表缺乏数据，“LC”代表无危。

植物中文名称索引

动物中文名称索引